LUMINAIRE

光启

什么是情感史？

王晴佳 著

上海人民出版社　光启书局
LUMINAIRE BOOKS

目　录

上　编

理论探索

当代史学的"情感转向"：
国际历史科学大会和情感史的发轫*

"知识就是力量"，这句弗朗西斯·培根的名言家喻户晓。同样，爱情给人以力量，也为众所熟知。但就历史研究而言，对前者的重视显然要远远超过后者。其中原因也不难解释，因为知识的获取和运用，主要是理性的行为，而理性行为的形成及其后果，长久以来是近代历史学研究的核心。以外交史为例，各国外交家之间的樽俎折冲、谈判协商及最后的条约签订，一般都被视为理性考量国家利益的结果，于是谈判过程的档案记录和通信往来，便自然成为史家关注的重点。以这些材料为主写成的著作可谓汗牛充栋，长期被视作近代史学的"正宗"。

但是，外交家交往之中的个人好恶、情绪波动及其由于文化、习俗不同所形成的偏见、成见，是否也会影响谈判和签约的过程呢？ 20世纪90年代以来，外交史领域已经出现了所谓"文化的转向"，为哈

---

* 本文作者曾在《光明日报》发表《当代史学的"情感转折"》一文（2015年8月23日），该文是本文的基础，因题材相似，内容上也不免有些雷同，特此说明。本文原刊于《史学理论研究》，2015年第4期。

佛大学的入江昭（Akira Iriye）等多人所提倡和实践，强调文化因素对外交政策的影响。具体而言，他们指出外交政策的制定其实与国内的文化氛围、思维传统和公众情绪息息相关，而后者则被他们统称为"文化的空间"（cultural space）。[1]如此看来，外交家在谈判舞台上的表现，还受到其他因素的影响。

上述外交史研究的变化只是一个例子，但足以表明当代史家的着眼点已经不再像从前那样，一味希求通过政府的档案来构建历史人物的理性思考和行动，因为"文化的空间"的组成及其影响，必然含有许多感性、情感的因素。换言之，人们的许多行为，单从理性的层面无法完整解释。譬如上面提到恋人相爱之后产生的爱情的力量，便往往感性多于理性。中国的俗话"情人眼里出西施"和东西方都有的说法"一见钟情"，皆是对此现象很生动的概括。

在济南闭幕的第22届国际历史科学大会，共有四大主题。其中之一为"将情感历史化"（Historicizing Emotions，也可译为"历史上的情感"），足见有关情感、情绪（affect）和感情（feeling）的研究，已经在近年成为一种国际性的历史学潮流。情感史研究的首倡者之一，美国社会史家彼得·斯特恩斯（Peter Stearns）指出，情感史的研究首次将历史研究的重心，从理性转到了感性的层面，代表了历史学的"一个崭新方向"。[2]早在20世纪80年代，斯特恩斯便与妻子卡萝尔·斯特恩斯（Carol Stearns）在《美国历史评论》上提

---

1 相关论文不少，比较简练的一篇是 Brenda Gayle Plummer, "The Changing Face of Diplomatic History: A Literature Review," *The History Teacher*, vol. 38, no. 3 (May 2005), pp. 385–400。

2 Susan J. Matt & Peter Stearns, eds., *Doing Emotions History*, Urbana-Champaign: University of Illinois Press, 2014, p. 1.

出了研究"情感学"（emotionology）的必要。[1] "情感学"一词由他们自造，指的是情感表达的社会性，也即一个社会在某一时期比较一致和认可的情感表现方式。

"情感学"概念的提出有着学理上的必要，因为人有情感几乎古今皆然。古代哲人如西方的亚里士多德、柏拉图和东方的孔子、孟子，都曾注意到情感之于人类的重要。孟子主张人性善，提出了"四端说"，认为"恻隐、羞恶、辞让、是非"的情感与生俱来（比如看到一个小孩即将掉入水中便会让人生出恻隐之心），是人性为善的根据。可是，如果情感超越了时间和空间，那么历史研究便有点无从谈起，因为史学关注的是事物在时间和空间维度中所呈现的变化。而"情感学"的提出正是为了揭示，虽然人都有情感，但情感的表露则因时因地而异，展现了时间性和社会性。这次国际历史科学大会以"将情感历史化"为题，正是为了表达这样的意思，即人们如何表现情感经历了历史长河的洗礼而在各个时期有所不同，因而具有"历史性"（historicity）。

许多情感史的研究者注意到，随着近代社会的建立，人们对情感的理解和表达开始与以前的时代呈现出较大的不同。比如在近代以前，人们没有意识到儿童有其特殊心理需要，而是常常将儿童视为尚未长大的成人（吴语俗称儿童为"小人"似乎是一个很好的例子），因此在18世纪以前的西方，玩具并不常见，更没有专门设计、制造玩具的商家。启蒙思想家卢梭首先指出儿童的特殊心理需求，才让人

---

1 Peter & Carol Stearns, "Emotionology: Clarifying the History of Emotions and Emotional Standards," *The American Historical Review*, vol. 90 (October 1985), pp. 813–836.

感到培养、照顾儿童的必要。儿童需要培养，那么爱情更是如此。在近代以前，几乎所有的文明都不强调婚姻必须建立在爱情的基础上。许多世纪以来，婚姻只是两个家庭之间利益的联结和强化，所谓"门当户对"便是这种观念最直接的表述。莎士比亚的名剧《罗密欧与朱丽叶》之所以是一出悲剧，就是因为当时的社会认定，爱情或情感服从家族的利益是理所应当的。但该剧催人泪下，也许正好反映了在莎士比亚的年代，也即近代早期，人们已经向往爱情能冲破一切世俗的束缚而成为婚姻的基础。当然，那时候建筑于爱情之上的家庭，仍然少之又少。

社会史的发展是情感史兴起的一个渊源。更确切地说，与历史学家相比，社会学家更早注意研究情感，譬如德国社会学家诺贝特·埃利亚斯（Norbert Elias）便是情感研究的先驱。他的名著《文明的进程》出版于1939年，描述近代的人如何在社交场合逐步学会了控制自己的情绪，因此而发展出一套套的礼仪，规范并调整自己的行为举止，使其符合"文明"的标准。荷兰的约翰·赫伊津哈（Johan Huizinga）是史学界中最早注意到情感的学者之一。他的《中世纪的秋天》描绘了中世纪社会的绚丽多彩和人声鼎沸，让读者感受到在那个时代，人们的情感宣泄十分直接、粗糙。

但情感史研究的进一步开展，却显露了埃利亚斯和赫伊津哈视野的局限，因为他们倾向于将传统与现代、中世纪与近代社会视为对立的两极，有点过于极端。而且如果将近代社会的建立视为情感表达的一个新阶段，那么又容易掉入西方中心论的窠臼，似乎主张人们重视情感，视其为人生的某种必要，只是现代化或西方化的产物。以上面提到的爱情与婚姻的关系这一情感史研究为例，以爱情为基础的婚姻，的确大致上是近代以后才出现的现象（在西方之外的地区更晚，如日本直到二战之后才有"恋爱结婚"这一词汇的流行）。有的研究指出：19世纪的欧洲文化开始称颂浪漫爱情，这有助于妇女（妻子）地位的改善，虽然那时的法律仍然是以男性为中心的。也有人指出，以爱为基础的婚姻，或许表现出一种现代性，但也需看到婚姻作为一种社会制度常常无助于增进恋人之间相爱的情感，甚至会造成其消亡。

当前情感史的研究特点是，不再视情感为现代的产物，而是更注意采用人类学的方法，深入某种文化，将其"深度描写"（thick description），发现和重现其中特定的文化意蕴，而不是居高临下、评头论足。换言之，当代情感史的研究者不想受传统的历史分期（古代、中世纪和近现代）制约，相反，努力挑战这种历史意识。以澳大利亚学者菲莉帕·马登（Philippa Maddern）在2011年创建的"情感史研究中心：1100—1800的欧洲"为例，他们的研究侧重于中世纪和近代早期，即近代化、工业化之前的欧洲。马登本人是颇受尊重的中世纪史专家，亦是情感史研究的先行者。在这次国际历史科学大会上，情感史的同行发表论文之前，首先对她的不幸早逝默哀致敬。在大会第一场的发言中，我们也可看出这种挑战传统历史分期的意向。来自法国的劳伦斯·方丹（Launrence Fontaine）讨论了中世纪晚期的"情感经济"，指出在市场经济渐渐兴起之后，贵族曾用各种形式表示了他们的愤怒，如莎士比亚的《威尼斯商人》所示，而社会也似乎认可他们的行为。英国的安娜·戈伊茨（Anna Geurts）则研究了工业化以前的"压力"（stress），强调在工厂制度建立之前，"压力"其实也已经到处可见，甚至休闲生活也不例外。换句话说，"压力"并非现代社会独有的现象。而来自德国的安妮·施密特（Anne

Schimidt）则分析了商家如何用广告调动购物者的情感，改变他们的购物习惯——从出于需要购物到为了心理满足，追求时尚乃至情绪发泄而去商场消费。

除了挑战传统的历史分期，情感史研究者也多具国际、全球眼光。情感史的第二场讨论题为"情感和'他者'的塑造"，三位论文发表者分别以西方人在美洲和亚洲的经验为例，分析了情感（惧怕、新奇、同情和感动）在文化传播、碰撞和殖民统治中所扮演的不同角色。比如西澳大利亚大学的日裔学者高尾诚（Makoto Hanis Takao）指出耶稣会士在日本传教的时候，经常通过营造悲天悯人的气氛，让听众深受感动而皈依天主教。由于菲莉帕·马登的领导，西澳大利亚大学拥有不少情感史研究的学者。此外德国的马克斯·普朗克人类发展研究所也是一个情感史研究的重镇，这次大会上情感史主场的主持人乌特·弗雷弗特（Ute Frevert）便是该所情感史研究中心的主任。欧洲其他的大学如伦敦大学、牛津大学、柏林自由大学和马德里大学等，都有情感史的研究室和研究群体。值得一提的是，有些情感史的研究者也注意到中国文化中的情感。例如，有的研究指出，中文特别注意眉毛在表达情感上的作用，形成了不少生动的成语，像"眉飞色舞""扬眉吐气""愁眉不展""愁眉苦脸"和"喜上眉梢"等，别具特色。[1]

情感史的研究多姿多彩，目前已成国际史学的一个潮流。在英国

1　Jan Plamper, *The History of Emotions: An Introduction,* Oxford: Oxford University Press, 2015, p. 30. 拙著*Chopsticks: A Cultural and Culinary History,* Cambridge: Cambridge University Press, 2015, 不以情感史研究为主，但也注意到中国文学作品中有"投箸""举箸"和"击箸"等词语，以筷子的不同使用来帮助表达情感，见第130—136页。

伦敦大学任教的扬·普兰佩尔指出，当代史学中已经出现了一个"情感的转向"（emotional turn）。2010年，普兰佩尔在美国的《历史与理论》杂志上对情感史研究的几位专家做了一个采访，就情感史研究的现状和特点做了归纳，提出了"情感的转向"这样的观点，并得到了受访者的基本认可。[1]这些受访者包括上面提到的彼得·斯特恩斯。美国史学界尚未设立情感史的研究中心，但斯特恩斯曾主编过相关的丛书，推动了情感史研究的开展。此外，美国还有几位情感史研究的重要史家。2012年，《美国历史评论》邀请了包括扬·普兰佩尔在内的六位情感史学者，组织了一场情感史的专题论坛，参与讨论的学者各有专长，涉及中世纪和近代欧洲史、非洲史、美国史、中国史、苏俄史等领域。他们一致认为，情感史的研究虽然从西方起步，但鉴于情感的普遍性和跨文化的特征，他们均希望该项研究能有助于走出西方中心论的藩篱，注意到各个文化中情感表达的特点。譬如任教于哥伦比亚大学的林郁沁强调，中文学界的明清史专家早就开展了有关"情""欲"的研究，成果多样，而对情感的重视，古代的荀子便有不少论述。[2]

参与这组讨论的学者还介绍了自己从事情感史研究的学术道路，有助于我们了解情感史研究的缘起及其与其他学派的关系。如杜克大学的威廉·雷迪（William Reddy）主要研究欧洲近代社会文化史，他注意到该时期"感伤主义"（sentimentalism）颇为流行，由

1　Jan Plamper, "The History of Emotions: Interview with William Reddy, Barbara Rosenwein, Peter Stearns," *History and Theory*, vol. 49, no. 2 (May, 2010), pp. 237–265.

2　"AHR Conversation: The Historical Study of Emotions," *The American Historical Review*, vol. 117, no. 5 (Dec. 2010), pp. 1487–1531.

此而投入情感史的研究。而芝加哥罗耀拉大学的芭芭拉·罗森宛恩（Barbara Rosenwein）则是中世纪史专家，由妇女史、性别史、家庭史转入情感史。这两位学者也参与了上述"情感的转向"的讨论，认为这一转向与史学界之前的"语言学的转向"（linguistic turn）颇有关联，因为如果要揭示情感表述的历史性，就必须研究文本产生的语境和社会文化背景。纽约大学的妮可·尤斯塔斯（Nicole Eustace）从早期美国史转入情感史，她特别举例证明情感研究中文本解读的重要性：18世纪弗吉尼亚有一位富有的奴隶主不幸丧子，但他在日记中只是简单地提了一句，让人感到那时的家长似乎不像现在这样充分表露对孩子的爱。但细致研读发现，他的日记还记录到在儿子死后，他曾发生剧烈的胃痛、胃痉挛，可见他的伤痛至深，[1]或许"男儿有泪不轻弹"还真是一种跨文化的现象。

上面的例子其实触及情感史研究的一个关键：那就是情感的生成和表露方式是先天还是后天的（nature vs. culture）、是普遍还是特殊的问题。情感史研究的一个渊源是科学家，特别是神经医学研究者对人类情感研究的最新成果。普兰佩尔著有《情感史导论》一书，其中对神经科学家的相关研究，做了详细的讨论。[2]这些研究的主要目的是发现人类情感的共性，甚至其表露方式的普遍特征，如探测悲伤和兴奋的时候，人的脑部活动有何不同等。在史学领域，科学史、医疗史近年的长足发展也有力地带动了情感史的研究。饶有趣味的是，如果科学家是"普遍主义者"（universalist），希求发现人

1　"AHR Conversation: The Historical Study of Emotions," *The American Historical Review,* vol. 117, no. 5 (Dec. 2010), pp. 1487–1531.

2　Jan Plamper, *The History of Emotions: An Introduction.*

类情感的奥秘, 获取医治的良效, 那么社会科学家则多是"建构主义者"(constructionist), 相对注重情感的历史性, 也即其生成和表现背后的社会、文化背景。比如人类学家已经发现, 虽然笑是人类的普遍行为, 但笑的方式却各有不同。人们流露情感还受控于一个因素, 那就是所处的场景: 比如一般人不会在严肃的场合大声狂笑。罗森宛恩提出了"情感的团体"(emotional communities) 的概念, 强调人们在家庭、教会、学校和单位等场合, 情感表现颇为不同。这些表现自然还受到性别和文化教养等因素的影响。但是威廉·雷迪则相对比较注意情感表露的共性。他的《感情研究指南: 情感史的框架》出版于2001年, 是英文学界中情感史研究的开山之作。雷迪在其中借鉴了心理学和神经医学的成果, 试图找出"情感的规训"(emotional regime), 也即一定场合下人们行为的共性 (比如不分贫富, 人们在酒吧的行为相对划一)。罗森宛恩和雷迪两人的研究虽然强调的重点不同, 但又都重视情感表现中的社会因素。

在上述观念上的挑战之外, 情感史研究者还努力探索在史学方法上如何创新的问题。参与《美国历史评论》情感史研究讨论的朱莉·利文斯顿 (Julie Livingston) 专长非洲史。她在发言中指出, 非洲史研究向来重视口述史料, 进行口述采访的时候, 往往为叙述者的情感所深深感染, 然而一旦将录音诉诸文字, 一种苍白感便油然而生。[1]因此情感史的开展, 也让人思索如何在史学方法上有所突破, 不再以文字表述作为唯一的手段。悉尼大学的艾伦·马多克斯 (Alan

---

1 "AHR Conversation: The Historical Study of Emotions," *The American Historical Review,* vol. 117, no. 5 (Dec. 2010), pp. 1487–1531.

Maddox）在此次国际历史大会上的发言，便让听众聆听了两段清唱，让他们感受欧洲教堂音乐如何从单调刻板变得激情四溢。总之，情感史给历史研究带来了不少新意和刺激，将研究重点从理性转到了感性的各个层面，开辟了一个崭新和广阔的天地。由此带来的各种挑战，也正呼唤着新一代史家的不懈探求。

为什么情感史标示了当代史学的一个新方向？[*]

　　要回答本文标题所提的问题，笔者认为可以从2017年诺贝尔经济学奖的颁奖谈起。该奖公布之后，学界和媒体都稍感意外，因为得奖者理查德·塞勒（Richard Thaler, 亦译泰勒），虽然在著名的芝加哥大学商学院任教多年，但并非"正宗"的经济学家。如果读者曾拜读过塞勒与人合作的《助推》（*Nudge*）这本著作，肯定也会产生这样的印象：这本书实在不太像常见的经济学著作，因为它不但语言生动，而且处理的问题如同该书的副标题——"如何做出有关健康、财富与幸福的最佳决策"——所显示的，更像一位社会学家、心理学家应该处理的课题。当然，如果塞勒因其研究不够正宗而成为"黑马"，那么埃莉诺·奥斯特罗姆（Elinor Ostrom）在2009年成为史上第一位诺贝尔经济学奖女性得主，似乎更让人跌破眼镜，因为她主要是一位政治学家。

　　奥斯特罗姆和塞勒的得奖，其实正好反映了当代经济学，乃至当代学术发展的一个重要倾向，那就是跨学科研究已经成为各个学科

---

[*] 本文原刊于《史学月刊》，2018年第4期。

发展的主要趋势，而且成果惊人。塞勒的研究领域，被称为行为经济学，需要采用心理学等学科的方法。想要理解塞勒的研究何以会受到诺贝尔奖委员会的青睐，我们还得从近代学术的渊源谈起。众所周知，近代西方之所以在18世纪之后称霸全球，其原因之一就是启蒙思想家提倡的理性主义思维，为近代科学、技术的发展，提供了一个理论前提，而亚当·斯密的《国富论》，不但是近代经济学的经典之作，而且其阐述的观点也为近代国家和社会所普遍接受。简而言之，其理论出发点是承认自私自利为人的本性。但与大多数传统文明的教诲相反，斯密不主张要求人牺牲自我、"克己复礼"，抑制利己的欲望。斯密认为人的自私是一种理性的行为，而这种理性的行为，是市场经济良性竞争的基石。换言之，人的利己性行为，将促进一个国家的经济发展。

亚当·斯密的理论在当代资本主义社会，仍有深远的影响。但自20世纪50年代开始，经济学家已经对斯密所谓的"理性的人"及其理性的经济行为，做了一系列的修正。比如许多经济学家指出，斯密所称的"理性"，仍然有所限制，因此提出"有限理性"（Bounded Rationality）的概念。塞勒写作《助推》，体现了一种最新的努力。用一些简单的比方来解释亚当·斯密"理性的人"的经济行为：买东西的人都希望尽量买便宜又好的东西，甚至不花钱就能得到；卖东西的人则希望东西的价钱可以卖得高一些。不过，经济学家甚至普通人也都会发现，大多时候，人的经济行为并不完全受制于理性。比如虽然一般人购物都会注意性价比，但也有人追求品牌，愿意出钱买性价比低的商品。这一追求品牌、炫富显耀的欲望，就是一种心理和情感的行为。相反地，有些人虽然收入颇丰，却自奉甚俭。消费习惯常常反映了道德追求、家庭教育和个人偏好，与理性考虑没有太多联系。事实上，现代社会的税制，至少以西方国家而言，是希望人们按酬、合理消费——挣得多也花得多——由此来促进经济发展。同理，一个人如果挣得少，那么也应该节制消费，以免破产之后增加对社会的负担。这一税制的建立，大致是理性考虑的结果，但在实际操作的层面，显然并不如其所愿，因为许多人的消费习惯，常常感情用事（西方国家中每年申请破产者，不计其数），不完全受到理性思维的控制。

塞勒在其《助推》一书中，举出不少的例子，说明人的情感、心理等非理性的层面，往往对一个人的经济行为有着深刻的影响。比如他列举了一个自己做过多次的实验：把一个印着大学校徽的咖啡杯，送给学校其中一个班级的半数学生，然后请他们写上愿意卖掉咖啡杯的价格；另一半没有咖啡杯的人，请他们写上愿意买下咖啡杯的价格。实验的结果是：咖啡杯的卖价（让价）往往两倍于咖啡杯的买价（出价）。塞勒指出，这个实验证明，人一旦拥有了什么东西，就不愿再失去；由此类推，许多股票投资者买了股票之后，即使股票价值下跌，回升无望，他们也不愿出售。另外，他还举例说道，人还有从众的行为，别人买了什么，即使自己并不需要，也还是会跟风去买。[1]种种这些例子都说明，人的行为并不完全受控于理性。比如人怕失去的行为，既表现出一种心理（占有欲？），也反映出一种情感（恋物、怀旧等），两者之间很难做绝对的区分。

塞勒等经济学家研究的是当代人的行为，那么在过往的时代，人是否也有类似的行为呢？这是当今情感史研究想要处理的主题。也

1　Richard H. Thaler & Cass R. Sunstein, *Nudge: Improving Decisions about Health, Wealth and Happiness*, New Haven: Yale University Press, 2008, pp. 17–39.

就是说，如果我们承认历史是人所创造，那么创造历史这件事，是否也受到情感等非理性层面因素的影响？情感史研究的学者认为，答案绝对是肯定的，同时，他们也认为，近代史学对这方面的关注，实在过于欠缺。美国情感史研究先驱芭芭拉·罗森宛恩在一篇文章的开头写道："作为一个学术分支，历史学最早研究政治的变迁。尽管社会史和文化史已经开展了一代之久，但历史研究仍然专注硬邦邦的、理性的东西。对于历史研究而言，情感是无关重要的，甚至是格格不入的。"[1]另外两位美国学者苏珊·马特（Susan Matt）和彼得·斯特恩斯则指出：对情感的研究"改变了历史书写的话语——不再专注于理性角色的构造"，而情感研究的成果已经让史家看到，"不但情感塑造了历史，而且情感本身也有历史"。[2]

　　罗森宛恩等人的观察，颇为犀利，不过也有偏颇之处。他们所指的历史研究，主要是近代史学研究。作为一个中世纪史的专家，罗森宛恩应该清楚，在近代之前，史书的写作常常记录人的情感行为，如喜、怒、哀、乐、恐惧、妒忌、爱慕、敬畏等表现。而在古代，一些史家还让天上的神也具有这些情感、情绪。比如西方的史学之父希罗多德，就有所谓的"神妒说"，认为世上某个人如果很有成就，或许会因为神的嫉妒而遭到惩罚。中国传统史家相信天人感应，所以也常在史书中举出"天谴"的例子来告诫世人。西方中世纪的史家，则更加突出人对上帝及其在世上的代表——教会——的敬畏和服从。同时，教皇、国王或皇帝的情感波动如何影响了历史的过程，也受到了极大的

1　Barbara Rosenwein, "Worrying about Emotions in History," *The American Historical Review*, vol. 107, no. 2 (June 2002), p. 821.

2　Susan Matt & Peter Stearns, eds., *Doing Emotions History*, p. 2.

关注,常常成为解释历史变动的重要原因。

欧洲文艺复兴时期兴起的近代史学,逐渐将这些非理性的因素从历史书写中剔除,其重要原因就是理性主义的伸扬。这一取径,有助于史家在书写中去除神迹和迷信,从科学的角度来审视历史的演化。18世纪启蒙思想家,在这方面有开创之功,影响深远。他们受到17世纪科学革命的激励,力求在人类历史中发现、阐释其中的规律,而他们所发现和坚信的历史规律,就是历史将不断进步,进步的原因就是理性主义、科学主义的不断扩展。启蒙思想家号召解放思想,其宗旨就是希望人们充分运用理性思维,对一切事物进行科学的探索和解释。如此,便能摆脱上帝或其他超自然神灵主导历史进程的传统观念。18世纪以降,欧洲出现了不少著名的历史哲学家,如黑格尔、孔德、马克思等。他们的理论构建虽有不同,但著述的宗旨都在于指出和阐释历史演化的因果规律。如黑格尔认为历史的动因,在于精神(理性)的延伸和壮大,尽管在这一过程中,精神需要与热情交相互动,但精神始终占据着主导的地位,由此而推动历史向前、向上发展。

黑格尔对人类历史演进的勾勒,有点天马行空,主要在抽象、理论的层面,因此受到他的同胞、德国和近代欧洲科学史学之父利奥波德·冯·兰克的批评。然而,实际上黑格尔与兰克也有相似的地方——身为哲学家的黑格尔也想举例说明,精神如何通过历史上出现的机制,来展现它的扩展和壮大。黑格尔写道:"我们在前面提出了两个因素:第一,自由的观念是绝对的、最后的目的;第二,实现'自由'的手段,就是知识和意志的主观方面,以及'自由'的生动、运动和活动。我们于是认为'国家'是道德的'全体'和'自由'的'现实',同时也就是这两个因素客观的统一。"而在另一处,黑格尔又这么说道:"主观的意志——热情——是推动人们行动的东西, 促成实现的东西。'观念'是内在的东西, 国家是存在的、现实的道德的生活。"[1] 简单言之, 黑格尔认为理性让人们获得自由, 但需要通过热情, 而国家是理性和热情、客观和主观的有机统一。

对近代国家的重视, 让黑格尔与兰克的历史观取得了一致 (由此两人都被视为德国历史主义思潮的代表人物)。兰克治史的主要特点和成就, 就是从民族国家的角度来考察历史的变动。与黑格尔 (乃至亚当·斯密) 相似, 兰克认为近代国家的兴起和相互之间的竞争, 是勾勒近现代历史的主线。在历史观方面, 兰克史学也与黑格尔的历史哲学有相近的地方——黑格尔认为"热情"这一感性的因素, 推动了人们的行动, 但理性才是历史演进的最终动因。换句话说, 黑格尔认为理性有其"狡计", 那就是利用了"热情"来加以施展自己的作用。[2] 同样, 兰克史学以标榜客观治史、使用严肃的档案史料著称, 也就是注重罗森宛恩所谓的"硬邦邦的、理性的东西"。兰克史学不但强调史家在写作史书的时候剔除个人的情感因素, 保持一种"超然的"(detached) 立场, 而且在处理、解释历史人物和事件时, 也同样去除其情感等非理性因素的影响。

说到这里, 笔者想说明一下, 历史书写注重从理性的层面分析历史的因果关系, 本身体现了近代历史编纂学的一种进步, 并无疑问。譬如在清代官方史家编写的、迟至18世纪完稿的《明史》中, 我们还可以见到那些现在看来荒唐无稽的描写。《明史·太祖本纪》这样描

---

1 黑格尔:《历史哲学》, 王造时译, 上海: 上海书店出版社, 2001年, 第39、49页。
2 黑格尔:《历史哲学》, 第33页。

述朱元璋的出生：

> 太祖开天行道肇纪立极大圣至神仁文义武俊德成功高皇帝，讳元璋，字国瑞，姓朱氏。先世家沛，徙句容，再徙泗州。父世珍，始徙濠州之钟离。生四子，太祖其季也。母陈氏。方娠，梦神授药一丸，置掌中有光，吞之寤，口余香气。及产，红光满室。自是，夜数有光起。邻里望见，惊以为火，辄奔救，至则无有。比长，姿貌雄杰，奇骨贯顶。志意廓然，人莫能测。[1]

与此相类似的有关"奇迹"记载，在欧洲中世纪史书中亦比比皆是。兰克史学之所以自19世纪以来，对世界各地的历史书写有着如此重大的影响，主要因为它强调史料的严格考订和以可信的事实为据来写作。受到那时科学研究的影响，所谓"可信的事实"也就是能被证实、检验而又符合常理的历史记录。比如以兰克史学为模式的现代民族史学，也常常以那些开国的民族英雄为重点写作，其中也会讲述一些他们略为"异常"的故事（比如美国第一任总统华盛顿幼时误砍樱桃树，然后向家人坦诚交代的故事），以突出他们的出众超群，但不会有出生时"红光满室"的描写，因为太有悖于常理，更无法证实。

那么，情感史的研究，是否要重新恢复前近代史学写作的路径呢？显然不是。假设以朱元璋为例，情感史的研究者不会相信朱出生时的奇异现象，但他们会研究这些无法证实的奇异现象，是否对朱元璋后来的造反事业产生了某种影响。譬如，当时有一些人相信他

---

[1] 张廷玉等：《明史·太祖本纪》，北京：中华书局，1974年，第1页。

"命里为天子"而跟随他起义等。换言之，情感史的研究者不会仅仅从理性的层面研究朱元璋的起义，比如考察、解释他自小因为生活艰辛，所以愿意铤而走险，借助反抗元朝的起义希求获得一线生机等诸如此类的理性考虑。与此相异，情感史研究者可能会注重探讨另外两个层面：一是研究朱元璋从小被父母送去佛寺，在那里度过的童年时光，让他可能因此具备异于常人的心理、性格特征，这些特征又如何影响了他的反元斗争及其建立明朝之后的作为。另一个更大的可能是研究朱元璋的起义活动，其领导者和参与者的反元情绪和汉人情结，如何发挥了某种程度的作用。

　　关于朱元璋的研究，为什么情感史的研究有可能会探究以上这两个方面，我们需要简单回顾一下情感史的兴起及其与近现代史学发展的关系。兰克认为，民族国家的兴起引导了世界历史的发展，由此倡导民族国家史学，也就是国别史。几乎同时，欧洲兴起的民族国家也陆续建立了国家档案馆。法国国家档案馆在近代世界中最早成立，建于1790年，而兰克生于1795年。民族史学的写作以使用政府档案为主，两者因此有相辅相成的联系。现在已经有大量的历史研究指出，民族国家史学的写作和出版，是推动近代民族主义发展的重要力量之一，至今仍然如此。从这一方面来考虑，民族国家史学实际上就是民族主义史学，充满浓厚的意识形态。所以兰克史学标榜客观治史，显然站不住脚，因为政府档案必然含有官方的偏见，而且以民族国家为单位考察历史，本身也代表了一种片面的立场。[1]

1　参见Georg Iggers, "The Role of Professional Scholarship in the Creation and Distortion of Memory," *Chinese Studies in History*, vol. 43, no. 3 (Spring 2010), pp. 32—44。另见王晴佳、李隆国：《外国史学史》，北京：北京大学出版社，2017年，第212—228页。

上编　理论探索

民族国家与民族史学之间互融、互补的关系，使得后者成为近代史学的主流。举例而言，至今美国图书馆的编目，仍然以国别史为单位，比如D和E为历史书籍，而所有关于美国历史的书籍，其编号都以E开头，其他国家的历史书籍，则归在D类，譬如英国史的书编号以DA开头，法国史的书编号以DB开头等，以此类推。其他国家的图书编目，大致也依照类似的模式。的确，追随兰克的榜样，近代史家（包括非西方地区的史家）写作了大量以民族国家为视角考察历史变动的史书。但与兰克本人的著作有所不同的是，由于政府档案资料日益丰富，兰克的追随者所写的史书，均以史料为据，"有一分史料说一分话"，主题几乎无一例外都与政治、外交、军事事件及人物有关。这种单一的写作模式、详尽的史料铺陈，让历史书写变得干燥无味，局外人更是望而却步。因此，兰克史学模式的流行，一方面有助于历史研究的职业化，提高了它的科学研究水平，另一方面则导致历史研究和书写与社会大众严重脱节，削弱乃至丧失了其原有的社会功用和影响力。

　　在第一次和第二次世界大战的炮火硝烟中，近代史学那种高高在上、埋首于"象牙塔"中沾沾自喜的行为，受到了许多思想界人士的批评。19世纪与20世纪之交，心理学、人类学、经济学、地理学、社会学等社会科学的兴起或更新，也使不少史家觉得有走出兰克史学模式的必要。1929年法国史学界《年鉴》杂志的创办和"年鉴学派"的崛起，就是一个显例。目睹了希特勒上台，纳粹主义在德国和欧洲其他地方兴盛，年鉴学派的第一代史家吕西安·费弗尔（Lucien Febvre）提倡研究"心态史"，其中也包括研究大众情感，因为希特勒的成功上台，与他操弄大众情感、调动大众情绪，显然有不小的关系。与兰克学派的后人注重铺陈史料、描述历史上的个别事件相反，年鉴学派的史家，特别是第二代的费尔南·布罗代尔（Fernand Braudel）和第三代的埃马纽埃尔·勒华拉杜里（Emmanuel Le Roy Ladurie），均提倡扩大历史研究的视野，从各个方面探究历史的动因，抑或不动因，希图展现一种"全体史"（histoire totale）。

既然要揭橥历史的各个方面，"全体史"从道理上来说也会包括人的情感，因为历史经验已经表明，历史的变动，甚或不变，必然掺杂了情感的因素。而这种对历史整体变动分析、考察的兴趣，是20世纪史学发展的主要趋向。20世纪上半叶，史家比较倾向于认为思想史的研究能揭示历史的动因，而在二战之后，更多人认为社会史是最佳的选择。研究、分析社会的整体演进，史家的视角触及了妇女、家庭和儿童及其他原来名不见经传（更确切地说是"名不见史传"）的群体。所以妇女史、性别史、家庭史和儿童史等新兴史学流派的兴起，均与情感史的研究相关。至少从美国史学界的情况来看，情感史的研究与社会史的兴盛，关系颇大。社会史家注意考察人的行为模式在各个历史时期的变化，他们也发现人的情感表现，同样受到社会结构的制约，由此在不同的历史时期表现不一。于是，情感表现的"历史性"，也就是"情感有没有历史"的问题，首先由他们提出并做了正面的回答。[1]另外，情感史研究关注和致力于强调的，则是情感等感性层面的因素，如何影响了人们的行为和历史的进程。如此一来，笔者也会回到本文一开始所提出的现象和问题。

1　参见 Peter Stearns & Carol Stearns, "Emotionology: Clarifying the History of Emotions and Emotional Standards," *The American Historical Review*, vol. 90, no. 4 (Oct. 1985), pp. 813–836。

考虑读者可能的兴趣，下面我以两位美国华裔史家的著作为例，对以上情感史研究的两个方面，略做解释和说明。这两部著作不但由华裔学者撰写并都于2007年出版，而且也都以中国近代史为主题。第一本书由现在任教于斯坦福大学东亚系的李海燕撰写，书名为《心灵革命：现代中国的爱情谱系》。[1]如同标题所示，此书的主题是爱情（love），而这个标题还显示了另一个意涵：作者不把爱情看作一种普遍的、超历史的情感，而是希望勾勒爱情在现代中国的变化。的确，虽然喜怒哀乐、爱恨情仇在人类历史中一直存在着，但其实它们在每个历史时期的表现，常常是相当不同的。李海燕将书分为三个部分，第一部分处理明清小说中讲到的"情"，她称之为"儒家结构中的感情"；第二部分讨论五四运动时期的爱情，名为"启蒙运动结构中的感情"；第三部分处理"革命结构中的感情"，自然是有关共产主义革命中的爱情。选择这段时期讨论中国文化、历史中的爱情，应该说是匠心独具，毫无疑问，正是因为在这段时期，爱情开始进入并改变中国人的生活。当然，爱情并不完全是近代化的产物，因为在明清小说中，有关"情"的描写十分丰富；李海燕甚至提出，那个时期有一种"情的狂热"（cult of qing）。不过这个"情"主要在伦理和思想的层面，而在第二时期，"情"则变成了浪漫和心理的概念。当中国进入反清革命和五四运动时期，中国人也进入了一个情感解放的时期——革命者不但思想激烈，行为同样激进。不过到了第三时期，情感和爱情被要求服从于"大我"，即革命事业的需要。由于篇幅所限，我们在这里无法详

1　Haiyan Lee, *Revolution of the Heart: The Genealogy of Love in China, 1900–1950*, Stanford: Stanford University Press, 2007.

细讲述该书的许多内容，但是由以上的简述，已经可以看出《心灵革命》一书，使用中国近代史的例子（虽然作者主要用的是文学作品），充分论证了情感如何在历史的长河中，经历了种种变化。

第二本书为《公众激情：施剑翘案和同情在民国时期的兴起》，作者为现任教于哥伦比亚大学历史系的林郁沁。[1]此书围绕1935年施剑翘（原名施谷兰，1905—1979）刺杀军阀孙传芳、为父报仇，引起全国轰动的事件展开研究。这个事件已有一些相关研究，着重探讨施的所作所为究竟纯粹是个人行为，还是与国民党政府，甚至军统有着某种关系。施剑翘刺杀成功之后，立即向警察自首，审判的时候也对其行为供认不讳，直言就是为了替父报仇。她的理由是，其父施从云在与孙传芳交战时被俘，孙将其斩首示众，有违公理。林郁沁则从情感史的取径，讨论"公众同情"（public sympathy）如何由此案激起，不但影响了此案最后的审判结果（施本应判重刑但只判入狱十年，之后又为国民党政府大赦，恢复了自由），而且还在近代中国的政治和社会生活中，扮演了一个颇为重要的角色。换言之，情感，特别是公众层面情感的激发和波动，影响了历史的进程。

林郁沁的书不但揭示情感——同情——如何影响了历史事件的进程，而且也讨论情感的历史性：施剑翘为父报仇，被人视为展现了中国传统孝道的美德，而公众为此案激起的同情，影响案情的进展和结果，又显示了中国社会的近代性。同样，李海燕的书不仅讨论爱情在现代中国的变迁，还展示爱情这一情感表现和行为，如何嵌入、改

1　Eugenia Lean, *Public Passions: The Trial of Shi Jianqiao and the Rise of Public Sympathy in Republican China*, Berkeley: University of California Press, 2007.

变了现代中国人的生活。这两本书都清晰地揭示，在中国走向近现代的过程中，情感不但发挥了重要的作用（如著名的五四运动就是中国人民族主义情感爆发所致），而且其本身也经历了重要的变化，值得我们探究。

作为本文的结论，我想从以下四个方面简单讲述情感史研究与当代史学发展的紧密关系。第一，在很大程度上，情感史研究的开展，是战后世界范围学术发展总体趋势的一个体现，本文以诺贝尔经济学奖的研究开始，便想指明这一点。第二，情感史的研究又是战后国际史学界变化的产物，与社会史、文化史、妇女史、家庭史、儿童史乃至最新的动物史（人类如何养育动物、与之共存又对之付出情感）研究，均有水乳交融的关系。第三，情感史并不否定理性主义分析，而是想扩大历史研究的领域，在理性和感性的双重层面对历史事件和人物加以深入的分析。第四，情感史的研究采用了跨学科的方法（心理学、神经医学、社会学等），展现了当今史学不仅与社会科学结盟，而且与相关自然科学联手的崭新趋势。[1]

1　有关此处的总结，读者可以参阅下列相关著作：Peter Stearns & Jan Lewis, eds. *An Emotional History of the United States*, New York: New York University Press, 1998; Jessica Giennow-Hecht, ed., *Emotions in American History: An International Assessment*, New York: Berghahn Books, 2010; Susan J. Matt & Peter Stearns, *Doing Emotions History*; Jan Plamper, *The History of Emotions: An Introduction*, Oxford: Oxford University Press, 2015; Jan Plamper, "The History of Emotions: Interview with William Reddy, Barbara Rosenwein, Peter Stearns," *History and Theory*, vol. 49, vol. 2 (May 2010), pp. 237–265; "AHR Conversation: The Historical Study of Emotions," *The American Historical Review*, vol. 117, no. 5 (Dec. 2012), pp. 1487–1531 及上引王晴佳、李隆国：《外国史学史》，第386—392页。

拓展历史学的新领域:情感史的兴盛及其三大特点*

前文提到,"历史上的情感"作为第22届国际历史科学大会的四大主题之一,与"全球视野下的中国""世界史中的革命:比较和关联"及"数字化的历史"并列,颇出人意料。那么随之而来的问题便是,为什么"情感"的历史研究在近年变得如此重要,能与像历史上的"革命"这样的重大事件相提并论呢? [1]

2002年,美国情感史研究的重要人物芭芭拉·罗森宛恩在《美国历史评论》上发表了一篇题为"(有必要)考量历史上的情感"的论文。她在文章的开头指出:

作为一个学术分支,历史学最早研究政治的变迁。尽管社会史和文化史已经开展了有一代之久,但历史研究仍然专注硬

* 本文原刊于《北京大学学报(哲学社会科学版)》,2019年第4期。

1 本文的写作与前两篇在内容上有所一致,但侧重点有所不同,也尽量采用了新的史料和角度。有关情感史研究的简要回顾和介绍的英文新作见Barbara Rosenwein & Riccardo Cristiani, *What Is the History of Emotions?* London: Polity, 2018。

邦邦的、理性的东西。对于历史研究而言，情感是无关紧要的，甚至是格格不入的。[1]

这是从史学史的演变角度，对情感史的兴起做的一个简单回顾。从世界范围的史学发展来看，历史书写的起源往往从关注战争的爆发和政治的变迁开始。这一传统到了近代，更由于兰克学派注重民族－国家的兴建而成为历史学的主流。不过，同样是研究政治、军事的历史，古代史家和近代史家还是有着明显的不同，前者一般会记录、描述参与者、领导者的喜怒哀乐等情感层面的例子，而近代史家由于强调理性主义，对于政治家、军事家和外交家的情感、情绪，常常忽略不计。举例而言，对于两次世界大战的研究，在20世纪90年代之前，史家研究的重点和争论的焦点是战争的起源，比如分析是第一次世界大战之前各国在外交上纵横捭阖，或者是第二次世界大战前法西斯主义的兴起和英、法等国采取的绥靖主义政策等。其实战争的爆发特别是其造成的破坏，对一般民众的生活影响极大，而这些影响往往在情感（悲伤、痛苦、激奋、失望等）的层次表露特别明显。

但如同罗森宛恩所言，对于历史上情感的关注，只是在一两代人之前才开始，也即在20世纪90年代前后。以她自己的治学经历而言，也足以显示出情感史的研究是最近二十多年来史学界的一个新发展。罗森宛恩是芝加哥大学培养的中世纪史专家，并在芝加哥的罗耀拉大学任教了一辈子，其前期的著作以研究修道院为主，直到1998

---

1 Barbara Rosenwein, "Worrying about Emotions in History," *The American Historical Review*, vol. 107, no. 2 (June 2002), p. 821.

年主编《愤怒的历史：愤怒作为一种情感在中世纪的社会功用》一书，才正式开启研究情感史，之后孜孜不倦，出版了多部著作，成为该领域的一位领军人物。[1]

一、情感史的启动

如罗森宛恩在上面的引文中所说，情感史的研究与社会史、（新）文化史的开展，有着很大的关联。社会史和（新）文化史的蓬勃开展，主要是在战后开始的。但历史学寻求突破政治史、军事史和外交史的近代传统，则于20世纪初便已开始。1929年《年鉴》杂志的创办，标志了法国年鉴学派的兴起，而该学派的主要追求就是借鉴各类社会科学的方法，从更广泛的角度研究历史，突破兰克学派政治、军事和外交史模式的藩篱。年鉴学派的第一代史家马克·布洛赫（Marc Bloch）和吕西安·费弗尔采用了地理学、心理学、社会学等新兴学科的手段，将历史研究的重点从近代民族国家转向社会结构和大众心态。作为"心态史"研究的倡导者，费弗尔也号召史家关注情感。他指出到他那个时候为止，尚没有爱情的历史，亦没有死亡的历史，无疑是历史学的重大缺失。同时他又提到，史家写作史书，虽然有时会记录历史人物（如拿破仑）的情感波动，但却没有进一步描述这一波动（如拿破仑一时的愤怒、亢奋等）对历史进程产生了什么

1　Barbara H. Rosenwein, ed., *Anger's Past: The Social Use of an Emotion in the Middle Ages*, Ithaca: Cornell University Press, 1998. 罗森宛恩退休之后，学界为她编了一本论文集，其中有关于她学术生涯的回顾：Maureen C. Miller & Edward Wheatley, eds., *Emotions, Communities and Difference in Medieval Europe: Essays in Honor of Barbara H. Rosenwein*, London: Routledge, 2017, pp. 1–26。

影响。更让费弗尔失望的是，史家其实对历史记录中所出现的"愤怒""亢奋"等的确切含义和程度，并不明了。[1]

费弗尔的上述言论，其实包含了情感史研究开展以来的两个重要的方面。第一是讨论情感是否影响了历史——如果的确有影响，那又扮演了什么样的角色？第二是分析情感的历史性，也即历史上的情感与近现代乃至今天的情感相比，是否一样——如果有差异，那么体现在哪里？对于第一个问题，其实在20世纪90年代之前，情感史作为一门新兴的领域受到关注之前，便已经有所关注。比如新康德主义的哲学家威廉·狄尔泰（Wihelm Dilthey），便对人文学科与自然科学研究的不同，做了重要的阐述，认为历史研究者必须对人的精神、情感都有深入的理解。而马克斯·韦伯的名著《新教伦理与资本主义精神》，也注意到了不同派别的新教徒身上的情感因素如何对他们的经济活动产生了影响。以近代历史学的改造而言，那么19、20世纪之交卡尔·兰普雷希特（Karl Lamprecht）及其追随者库尔特·布雷希格（Kurt Breysig）提倡借鉴心理学的方法，开展文化史的研究，则更为直接和重要。在兰普雷希特和布雷希格的论著中，情感的描述和分析构成了一个重要的部分。[2]这些论著的作者都没有专门研究情感史，但都在不同程度上确认，情感是人的活动的重要方

1　Lucien Febvre, "Sensibility and History: How to Reconstitute the Emotional Life of the Past," in Peter Burke, ed., *A new Kind of History: from the Writings of Febvre*, trans. K. Folca, New York: Harper & Row, 1973, pp. 12–26.

2　Jan Plamper, *The History of Emotions: An Introduction*, Oxford: Oxford University Press, 2012, pp. 44–49. 情感史哲学层面的讨论，可见 Alix Cohen & Robert Stern, eds., *Thinking about the Emotions: A Philosophical History*, Oxford: Oxford University Press, 2017。

面,对人类历史的进程产生了影响。

对于第二个问题,也即情感的历史性,前文提到的赫伊津哈在其《中世纪的秋天》中花不少笔墨描述中世纪的人们如何直接地表露情感,而埃利亚斯在《文明的进程》中则讲述了欧洲社会在近代初期逐渐形成社交礼仪,让人渐渐熟知和遵守在公众场合如何合适地表达自己的情感。如果说赫伊津哈的著作让人看到近代之前人的情感生活"陌生"的一面,那么埃利亚斯则揭示这一"陌生"如何被改造成"熟悉",让当代的读者看到情感及其表述的历史变迁。值得指出的是,所谓情感的"历史性",主要关注的是情感的表达方式及其演变,因为喜怒哀乐、爱恨情仇等情感自古便有,而且在各个文明、文化中都存在,对这些情感的界定主要是心理学家、脑神经学家的工作,而历史学家研究的主要是人们在不同历史时期中如何表现、表达情感。易言之,情感的历史性和社会性,形成了一种水乳交融的关系。

正是因为如此,美国社会史研究的倡导者之一彼得·斯特恩斯与其妻子卡萝尔·斯特恩斯一起创造了"情感学"(emotionology)一词,为的是有助于说明情感表达的社会性和历史性。更确切地说,斯特恩斯认为"情感学"指的是一个社会在某个时期对个人和集体情感表达方式所持的基本态度。因此,"情感学"也指的是情感表达的社会标准,抑或认可、容忍和接受的程度。他们这篇论文的主旨是提倡"情感学"的研究,强调社会史的发展,已经让人必须注意情感在人们生活中的重要角色。他们又指出,情感与"情感学"不同,前者指人所具有的具体的情感,如嫉妒、仇恨、爱恋等,并非它们在社会上的表现方式及其被认可的标准。由此,斯特恩斯的"情感学"无疑就是情感史的研究对象。他们指出,一个社会在一定的历史阶段,会创造或让某一个表达情感的词汇特别流行。举例而言，自18世纪后期开始，欧洲人开始喜用"发脾气"（tantrum）一词，带有负面的、批评的意思。那时这个词语主要指成年人发火的行为，后来又延伸用来指小孩不懂事。而到了20世纪中期，这个词的使用开始逐渐减少。斯特恩斯夫妇认为这个词的出现、流行和淡出，有助于反映欧洲社会所持有的"情感标准"（emotional standards）变化的历史。[1]

　　上面的例子证明，在情感史的研究中，情感的表达及其方式可以说是一个自然形成的重点领域。欧美学界情感史研究的另一位领军人物威廉·雷迪在2001年出版了《感情研究指南》，该书堪称情感史研究的一个公开宣言，内容以分析情感的表述为主。雷迪研究法国史出身，对法国思想界和学术界的思潮十分熟悉，并深受法国后结构主义语言学的影响。《感情研究指南》一书首先讲述了认知心理学和人类学对情感的研究及其成果，然后自第三章开始，详细分析了情感的语言表达方式。雷迪指出其实情感的研究，在很大程度上挑战了近代哲学笛卡尔的二元论思维，不再将人的认识活动分为主观和客观两个方面。然后他借用了英国语言哲学家约翰·奥斯丁（John L. Austin）的"言行理论"（speech-act theory），指出一个人的情感与其表达，存在明显差异，而情感表达的效果，也即"言"（speech）与"行"（act）的关系，更为复杂。举例而言，如果一个人说"花是红的"，这或许只是一种简单的描述。但如果一个人说"我对你不满"或者"我喜欢你"，这就有"言"和"行"的两面了，也即说这些

1　Peter & Carol Stearns, "Emotionology: Clarifying the History of Emotions and Emotional Standards," *The American Historical Review*, vol. 90 (October 1985), pp. 813–836.

情感的表述, 往往为的是在听者那里产生一定的效果, 因此有"表演的"(performative 这一词在语言学中也译为"施为", 表示诉诸行为的意思)性质。所以雷迪认为经过了后结构主义的挑战, 笛卡尔的二元认识论已经成了明日黄花。更需要研究的是, 同样一句情感的表述, 其效果因对象和情境而异, 所以必须考虑言语的"言下之意"(illocutionary force)。雷迪由此建议用"emotive"(衔情话语)来专指情感表达的用语, 其中既有描述的部分, 又有"表演"的用意和效果。[1]

从以上的简介可以看出, 雷迪的《感情研究指南》综合了欧洲大陆思想界的新思潮, 探讨情感的研究如何帮助人们重新认识人与人、词与物之间的关系, 是一本理论性强、并不易读的著作。而巧的是, 此书正式出版的次日, 美国就发生了"9·11"事件。受到重创的美国人, 在这一恐怖主义袭击的悲剧发生之后, 出现了各种各样的情感和情绪波动: 恐惧、愤怒、悲伤、担忧和仇恨等。我们不知"9·11"事件的发生是否有助于《感情研究指南》一书的销售, 但正如扬·普兰佩尔所指出的那样, 这一悲剧的发生让不少史家认识到走出"语言学转向"的必要, 重新感到历史的书写, 还是要关注人的实际的经验, 而不应将所有的历史现象都归结为文本, 把历史书写视为文字游戏。[2]从雷迪本人的研究来看, 他之后的情感史研究也与《感情研究指南》的写法有所不同, 虽然也注重分析情感的表达, 同时也结合研究具体的

1　William Reddy, *The Navigation of Feeling: A Framework for the History of Emotions*, Cambridge: Cambridge University Press, 2001. 另见孙一萍:《情感表达: 情感史的主要研究面向》,《史学月刊》, 2018 年第 4 期;《情感有没有历史? 略论威廉·雷迪对建构主义情感研究的批判》,《史学理论研究》, 2017 年第 4 期。

2　Jan Plamper, *The History of Emotions: An Introduction*, pp. 60–67, 297–300.

情感经验作为实例来详细论证。

二、情感史的挑战

2012年, 雷迪出版了《制造浪漫爱情: 欧洲、南亚和日本的欲望与性爱, 900—1200》, 从比较史学的角度分析不同文化中的爱情生活及其变化。威廉·雷迪从文化比较的角度对浪漫爱情的研究, 在很大程度上代表了情感史研究的典型模式和新意所在。如上所述, 近代史学强调对历史现象进行理性的分析, 而情感的因素往往被忽略, 因其属于感性的, 甚至非理性的层次。在社会史的研究兴起之后, 也有史家开始注意婚姻和家庭的问题, 但其关注点还是有明显的不同。举例而言, 劳伦斯·斯通曾著有《英国的家庭、性与婚姻, 1500—1800》, 是一本近800页的巨著, 详细描述了家庭中的各种关系——夫妇之间、父子之间等, 以及促成、制约婚姻的经济、社会等各种因素, 可谓一本典型的社会史著作。不过有趣的是, 从其书名和内容可见, 斯通讨论婚姻的关系、家庭的构成, 并不提及夫妻之间的爱情, 对父母与子女的关系, 也仅用了类似喜欢、亲情之类的词语。从社会史的角度, 斯通特别注重分析"变化", 也即婚姻形式、家庭组成和成员关系的变化。他的基本立场是, 16—19 世纪, 英国的家庭、性关系和婚姻经历了一个明显的变化, 其表现为家庭关系逐渐变得紧密、亲密, 与其他人的关系（亲戚、邻居、朋友等）有所区隔。这个变化大致在 18 世纪中叶完成, 然后逐步扩展、稳固。处理家庭、婚姻关系, 斯通无法完全避开情感的层面。他在书中用了"affect"和"affective"来指称, 没有用"emotion"。在英文中, "affect"和"emotion"都可以指情感，两者的区别是前者更多指一种外向的表露，也有故作姿态的意思，所以或许可以译成"情动"或"情绪"（如"闹情绪"）以示区别，而后者则多指内心的变化，不一定表现出来，因此更为全面。尽管斯通考虑了情感的层面，但他在导言中交代，他对家庭关系的考察，注重六个角度，分别是生物、社会、经济、政治、心理和性，而其中没有情感的角度。[1]

与斯通的研究相对照，雷迪的《制造浪漫爱情》将爱情这一情感的主要形式，作为他研究的主要对象。在很长的导言中，雷迪详细回顾了人类学、文学、心理学等学科对爱情和婚姻的研究，成果丰硕而多样。他特别指出，这些研究已经对"爱情"有了不少界定，而他的研究对象是"浪漫爱情"（romantic love），指人寻求长期伴侣的欲望。他认为这种欲望在西方文化中，显得有些独特，与他考察的印度和日本的文化颇为不同。雷迪以10—13世纪的欧洲爱情文化来证明，在西方文化中，欲望与爱情常常形成一种二元对立的关系，前者对后者是一种刺激，但同时要收获完美的爱情，人又必须控制自身的欲望，充分考虑到对方的感受和需求。而在同期的印度和日本文化中，欲望与爱情之间没有这种二元对立。所以雷迪正是在这样的对比中界定和描述了所谓"浪漫爱情"，并指出这一种爱情起源于欧洲的宫廷文化。[2]

雷迪《制造浪漫爱情》一书是有关西方文化中爱情起源的专题

1　Lawrence Stone, *The Family, Sex and Marriage in England, 1500–1800*, New York: Harper & Row, 1977, pp. 3–21.
2　William Reddy, *The Making of Romantic Love: Longing and Sexuality in Europe, South Asia and Japan, 900–1200 CE*, Chicago: University of Chicago Press, 2012, pp. 1–38.

研究, 内容十分详尽, 无法详述。如果将之置于情感史的发展框架中来看, 此书具有重要的意义。除了将情感作为重要的研究角度之外, 雷迪描述了前近代的爱情特征, 质疑了斯通等人认为婚姻、家庭中的亲密关系只是近代社会产物的传统观点。当然, 在雷迪之前已经有人挑战了斯通的论点。1985 年约翰·吉利斯出版了《变好还是变坏: 17 世纪以来的英国婚姻》一书, 指出前人对婚姻和夫妇亲情的研究, 基本遵循线性的进步史观, 认为就感情而言, 近代以来的婚姻让夫妻关系更为亲密。但吉利斯用实例证明, 这一结论下得过早, 值得商榷。他指出, 事实上, 20 世纪 60 年代以来夫妻关系产生了进一步的变化, 表现为爱情和婚姻不再有紧密的联系。[1]

吉利斯的观察, 为另一位婚姻史的专家斯蒂芬妮·孔茨所基本赞同。孔茨在 2005 年出版了一部题为 "为爱成婚: 婚姻与爱情的前世今生" 的通史, 讲述了自古以来的各种婚姻形式及其变化。她基本同意以爱情为基础的婚姻, 从 18 世纪开始流行, 而在这之前婚姻的组合往往掺杂了情感之外的许多因素。她也指出, 这种强调爱情为基础的婚姻, 到了 19 世纪, 也即英国的维多利亚时代, 有了进一步的发展, 让人似乎觉得没有爱情就无法结婚。这一观点也渐渐成为法庭判决夫妻离婚的一个重要考量。但孔茨同时又指出, 上述的情形并不完全符合实际。她用 "待爆的火山" 来形容维多利亚时代的婚姻状况, 指出那时夫妻之间的浪漫爱情, 还只是一种表面现象。而对于当代的婚姻与爱情, 孔茨则有颇为悲观的考察。她在书的结论部分, 采用了吉

1　John R. Gillis, *For Better, For Worse: British Marriages, 1600 to the Present*, Oxford: Oxford University Press, 1985.

利斯同样的标题——"变好还是变坏?"来讨论未来的婚姻。她的观点是,今天的婚姻的确主要以两人的深厚情感作为基础,但这一做法也让婚姻的前途颇为暗淡。孔茨的意思是,一旦夫妻之间情感破裂,婚姻立刻瓦解。因此她的最后结论是:婚姻这一社会机制,虽然历史悠久,但也许在不久的将来便会行将就木、成为历史了。[1]

作为人类情感的主要形式,爱情显然是情感史研究的重镇。但人有喜怒哀乐等多种情感,所以情感史的研究远远没有为爱情和婚姻等主题所限。譬如愤怒,也即人如何认识并控制自己的怒气,也是情感史的一个重要课题。在1998年芭芭拉·罗森宛恩主编了《愤怒的历史》之前,卡萝尔·斯特恩斯和彼得·斯特恩斯便合著了《愤怒:一部情绪控制的历史》一书,详细描写了在美国历史上,人们如何渐渐对在公众场合发怒,产生了一种共识,并在这一共识的基础上,采取各种措施来防止、限制某些人在公众场合失控、发怒的情形。有趣的是,斯特恩斯夫妇在书名上用了"struggle"(奋斗)这一词,其意思也可以是"斗争",反映出让人控制情绪,特别是抑制愤怒,并不容易,需要经历一个持久的过程。[2]在当今世界,马路上的"路怒"事件频频发生,足以证明《愤怒:一部情绪控制的历史》一书的意义。而更重要的是,失控、发怒的当事人往往不分阶级的高下和教育程度的高低,所以情感史的研究,有助于史家从新的角度考察历史的多面性。

的确,情感史在许多方面对近代史学的理念和实践,做出了有

1　Stephanie Coontz, *Marriage: A History; How Love Conquered Marriage*, New York: Penguin Books, 2005.

2　Carol Z. Stearns & Peter N. Stearns, *Anger: the Struggle for Emotional Control in America's History*, Chicago: University of Chicago Press, 1986.

效的反思，提出了有力的挑战。对于斯特恩斯夫妇来说，在公共场所需要控制自己情绪的这一共识，是现代社会的产物。由此，他们的观点与前述赫伊津哈和埃利亚斯比较一致，认为对情感的控制甚至压制，与近代以来理性主义的伸扬大有关系。与之相比，上述雷迪和孔茨等人对爱情和婚姻的研究，似乎也倾向于认为近代社会的诞生，标志了情感史上的一个重要转折。不过值得重视的一点是，他们的立场颇为不同：斯特恩斯夫妇认为近代社会希望人们控制自己的情绪，而雷迪和孔茨则认为将情感的培育作为婚姻的基础，正是近代社会建立之后方才形成的特点。鉴于上面的矛盾，芭芭拉·罗森宛恩指出，其实情感史研究的真正贡献，在于提醒史家如何走出近代史学的"宏大叙事"（grand narrative），不再将历史不断的、线性的、从古代中世纪到近现代的进步，视为历史书写必须遵循的阐释模式。她自己在《中世纪早期的情感团体》一书中提出，一个人在不同的团体中，其情感表露与否及其方式颇为不同，因此情感史的研究者与其采用历史分期的模式，还不如跳出这一"宏大叙事"框架，具体探讨、描述人的情感行为在各个时空条件下的形成和变化。[1]

　　情感史对近代史学的挑战，远不止对现代性、社会阶级等常用的史学概念的反思。上面已经提到，雷迪对"浪漫爱情"的研究，采取了比较文化的方法，与当今的全球史潮流颇为合拍。显然，人的情感既有普遍性，又有特殊性；研究情感无法局限于民族－国家史的藩

1　Barbara H. Rosenwein, *Emotional Communities in the Early Middle Ages*, Ithaca: Cornell University Press, 2006; Rosenwein & Cristiani, *What Is the History of Emotions*, pp. 43–45, 107–110.

篱。因此近年的情感史的研究，经常突破了国别史的限制。另外，情感史的兴起，本身就是自然科学（脑神经学、生命科学等）和社会科学（心理学、社会学、人类学等）相结合的结果。因此它几乎必须采取跨学科的研究方法。[1]如上种种，清楚地表明情感史研究的开展，是对近代史学模式的一种冲击和改造。

三、情感史的兴盛

2010年扬·普兰佩尔在《历史与理论》杂志上采访了情感史的三位先驱人物：威廉·雷迪、芭芭拉·罗森宛恩和彼得·斯特恩斯，其中他向三位提了一个问题：历史研究是否已经出现了一个"情感的转向"？他的问题得到了三位相对肯定的答复。[2]2014年，苏珊·马特和彼得·斯特恩斯主编了《从事情感史》一书。他们在导言中指出，史家重视情感在历史中的作用和表现，"从根本上代表了历史学的一个新方向"。[3]他们的理由是，一旦历史研究从只注意理性的思维和活动转到了感性、情感的层面，就等于开辟了一片崭新的天地，因为人类的活动兼具理性和感性的双重性，对后者的重视和研究，将会引发一系列新的课题。2010年开始，英国的赛吉（Sage）出版公司

---

1 情感研究是一项跨学科的研究，历史学之外的学者也对情感的定义及其历史做了不少研究，如 Jerome Kagan, *What is Emotion: History, Measure, and Meanings*, New Haven: Yale University Press, 2007; Keith Oatley, *Emotions: A Brief History*, Malden: Blackwell Publishing, 2004。Kagan 和 Oatley 都是认知心理学家。

2 Jan Plamper, "The History of Emotions: Interviews with William Reddy, Barbara Rosenwein and Peter Stearns," *History and Theory*, vol. 49, no. 2 (May 2010), pp. 237–265.

3 Susan J. Matt & Peter N. Stearns, *Doing Emotions History*, p. 1.

出版了《情感评论》(*Emotion Review*)杂志，其编委会汇集了各个学科研究情感的专家。同时，情感研究中心在世界各地纷纷成立，如法国的中世纪情感研究中心（EMMA）、柏林的马克斯·普朗克研究所，柏林自由大学、牛津大学、澳大利亚国立大学、马德里大学等也相继设立情感研究中心。这些研究中心大多是跨学科的。罗森宛恩在其2018年的新著中指出，在当今世界，情感研究已经让人"着迷"（obsession）了，在各个学科蓬勃开展，而情感史亦毫不示弱，成为十分重要的部分。[1]事实的确如此。在2015年国际历史科学大会召开前后，情感史的研究可谓风起云涌、遍地开花，让人目不暇接、叹为观止。21世纪初，彼得·斯特恩斯首先在美国与人一起主持了情感史的书系，出版了一些著作，但数量不是太多。之后，英国的帕尔格雷夫·麦克米兰出版公司编辑了情感史的书系，层出不穷，新作不断，已经有了几十种。近年牛津大学出版社也编辑了情感史的书系，佳作同样频频出现。2015年国际历史科学大会的情感史讨论，由乌特·弗雷弗特组织，而她既是柏林马克斯·普朗克人类发展研究所情感史研究中心的主任，著有多部情感史，亦是牛津大学出版社情感史书系的主编之一。

　　由于篇幅所限，本文只能举几个例子来描述当今世界情感史研究出版的盛况。这些情感史的研究著作，从主题上看基本可以分为三类。第一类是以历史上一些情感、情绪激烈波动、震荡的事件为对象。第二类是在常见的历史事件、现象中，考察情感的作用及其影响。第三类则从情感考察的特殊视角出发，研究前人较少注意，或

1　Rosenwein & Cristiani, *What Is the History of Emotions?*, p. 1.

者注意方式不同的课题。必须说明的是，这个分类仅是为了方便概括，并不代表严格的划分，因为虽然侧重点有所不同，但这几类著作又常常相互交叉，无法加以绝对区分。以第一类著作而言，有关欧美历史上的女巫（也有男巫）及猎巫的多部论著，便是一个显例。劳拉·奎宁和迈克尔·奥斯特林主编了《巫师史中的情感》一书，为帕尔格雷夫·麦克米兰情感史书系的一种。他们指出对于女巫（或男巫）事件的缘起及其整个过程，情感的因素产生了重大的作用。用他们的话来说，猎巫事件的发生，本身就是"亢奋不已、肆无忌惮的情感放纵、宣泄"而导致的罪行。该书分为四个部分，从历史记载、审判记录、心理反应和历史回顾的方面再现、分析情感在猎巫历史中所扮演的重要作用。[1]夏洛特-萝丝·米拉尔也研究巫师的现象，她的专著题为《英国近代早期的巫师、魔鬼和情感》。如同其书名所示，她希望查看"魔鬼"在巫师活动中的作用。依据留存的历史资料，主要是通俗小册子，米拉尔指出巫师施展魔术、魔法和旁人为巫师所惑乃至之后攻击巫师的行为，都与"魔鬼"有关。换言之，巫师施法的时候，常常假托"魔鬼"附身，而旁人抓捕、攻击、惩处巫师，同样是因为他们害怕"魔鬼"而希望通过这些行为来驱魔。重要的是，在整个过程中，情感（恐惧、嫉妒、猜忌、仇恨等）扮演了关键的角色。[2]

第二类著作是处理常见历史书写主题中情感的作用。譬如战争

1　Laura Kounine & Michael Ostling, eds., *Emotions in the History of Witchcraft*, Houndmills: Palgrave & Macmillan, 2016.
2　Charlotte-Rose Millar, *Witchcraft, the Devil and Emotions in Early Modern England*, London: Routledge, 2017.

史就是一个显例，因为在各个历史文化中，最早的历史著作常常是有关战争的。而有趣的是，虽然战争会引发情感的剧烈波动，比如对敌人的仇恨，对丧失家园、失去亲人的悲伤，战争胜利的喜悦等，但在情感史兴起之前，许多研究战争的历史著作，并不将情感作为历史研究的对象。2015年，斯蒂芬妮·唐斯、安德鲁·林奇和卡特里娜·奥洛克林主编了《情感与战争：中世纪到浪漫主义的文学》一书。他们在导言中指出，其实欧洲文学中"情感"这个词的最早使用（15世纪中期），便与战争、冲突、争斗有关。虽然他们的书名用了"文学"，但其实书的主要内容是处理文学作品中如何描述和呈现欧洲战争史中的情感重要性。[1]

在战争史之外，文明之间的交流，特别是近代以来西方殖民扩张所引发的西方化过程，也是历史书写的重要领域。玛格丽特·佩纳和赫尔格·约德海姆等人在2015年牛津大学出版社的情感史书系中出版了《情感的文明化：19世纪亚洲和欧洲的概念》一书，其书名和内容都显示此书与近年全球史的开展，有不少可比之处。它关注的重点是在西方文明与其他文明接触、互动的时候，人们如何从情感的视角来考察文明和礼貌等概念的变动和修正。作者们在很大程度上质疑了埃利亚斯在《文明的进程》中所持的观点，不是将西方文明在全球的扩张看成一种线性进步的过程，而是充分展示各地文明对"礼貌"（civility）的不同看法，以及西方人又如何对这些已有的文化传

---

1 Stephanie Downs, Andrew Lynch & Katrina O'Loughlin, eds., *Emotions and War: Medieval to Romantic Literature*, Houndmills: Palgrave Macmillan, 2015. 对历史上的革命，也有许多学者从情感史的角度加以研究，如谭旋：《情感史视野下的法国大革命》，孙一萍译，《世界历史》，2016年第4期；李志毓：《情感史视野与20世纪中国革命史研究》，《史学月刊》，2018年第4期。

统和习俗进行交流和吸收。他们同时指出各地文明在这一历史进程中，对一个社会及其成员"文明"与否所达成了一些共识，而这些共识基本都与情感相关，比如称颂英雄主义、荣誉感、勇敢献身等，鄙视和摈斥怯懦和可耻的行径等。[1]

从情感的视角考察历史，相关著作还有不少。比如有学者关注了印刷文化的兴起与公共情感和公共舆论的关系。以往的研究（比如本尼迪克特·安德森著名的《想象的共同体》一书）已经证明，印刷文化的兴盛与民族国家的建构有着密切的联系。从情感的角度（通过宗教礼仪的操作形式及其反映的权力），也有学者讨论了家庭关系、社会阶层与国家建构之间的种种关系。[2]这些研究都为读者带来了不小的新意和有益的视角。

与上面两类著作相比，第三类情感史著作以情感为主要研究对象。比如上面已经提到的荣誉感，乌特·弗雷弗特曾写有《为荣誉而战：资产阶级决斗史》，从欧洲决斗的历史考察男人荣誉感的历史演变。这本著作既是一本性别史的著作，又从情感史的方面考察了性别的社会性。与第一类著作稍有不同的是，弗雷弗特注重考察的是决斗这一现象的长时段变化，而不是一个情感爆发的突发性事件。同样，鲍勃·柏迪思在2014年出版了《近代史上的疼痛和情感》，亦从长时

---

1 Margaret Pernau, Helge Jordheim, et al., *Civilizing Emotions: Concepts in Nineteenth-Century Asia and Europe*, Oxford: Oxford University Press, 2015.
2 Heather Kerr, David Lemmings & Robert Phiddian, eds., *Passions, Sympathy and Print Culture: Public Opinion and Emotional Authenticity in Eighteenth-Century Britain*, Houndmills: Palgrave Macmillan, 2016; Merridee L. Bailey & Katie Barclay, eds., *Emotion, Ritual and Power in Europe, 1200–1900: Family, State and Church*, Houndmills: Palgrave Macmillan, 2017.

段的视角，讨论人们对疼痛这一现象的认识和描述如何演变。斯蒂芬妮·奥尔森也有类似的做法，她在2015年主编了《近代史上的童年、青年和情感：国家的、殖民的和全球的视角》，其目的是从比较文化的视角，分析青少年情感的形成及在这一过程中，家长、老师、社会和国家的诸种影响。奥尔森是弗雷弗特在柏林情感史研究中心的同事，该中心已经出版了类似的著作，如《情感学习：儿童文学如何教我们感受情绪》，也希望将青少年当作历史的主角，从他们的情感生活来检视他们的成长经历。[1]

　　总之，情感史的研究在近年有了长足的进展，可谓盛况空前。作为本文的结束，或许应该对此现象略做解释。众所周知，人的情感有其普遍性，古今中外皆是如此。但情感是否超越了时空，则是另一个问题。换言之，古人的情感与今人的情感有无不同、中国人的情感与欧洲人的情感有无差异等，都是情感研究必须面对的问题。从神经医学的研究来看，找到人类情感的普遍性是一个目标，这样研发出来的药物便会具有一种普遍的有效性，如能治疗世界上所有的抑郁症患者等。但本文所论及的许多论著已经表明，人的情感又有其历史性和社会性，也即情感既有天生的一面，又有后天的一面。对于情感的"自然"（nature）与"文化"（culture）的双重性，抑或因果关系，从

1　Ute Frevert, *Ehrenmnner: das Duell in der bürgerlichen Gesellschaft*, Munich: C. H. Beck, 1991; 此书的英文版为：*Men of Honour: A Social and Cultural History of the Duel*, trans., Anthony Williams, Cambridge: Polity, 1995; Bob Boddice, ed., *Pain and Emotion in Modern History*, Houndmills: Palgrave Macmillan, 2014; Ute Frevert, et al., *Learning How to Feel: Children's Literature and Emotional Socialization, 1870–1970*, Oxford: Oxford University Press, 2014; Stephanie Olsen, ed., *Childhood, Youth and Emotions in Modern History, National, Colonial and Global Perspectives*, Houndmills: Palgrave Macmillan, 2015.

历史的角度看待、考察和研究，无疑是寻求答案的一个重要方式。情感史研究在近年方兴未艾、蔚为热潮，与此有关。[1]回到本文的开头，2015年国际历史科学大会以"历史上的（历史化的）情感"为题，探讨情感的"历史性"（historicity），亦是一个很好的说明。

1　此处的进一步讨论可以参见Plamper, *The History of Emotions*, pp. 147–250和本书第一篇文章。

跨学科的情感史：缘起、现状和未来[*]

　　情感史的兴起和发展从一个侧面有助于我们了解历史学在现代的演化及其未来，这一过程不是空穴来风，而是与世界范围历史发展的走向形成了十分密切的关系。作为一个新兴的史学流派，情感史重要的方法论特征就是其跨学科的研究取径。本文以20世纪以来历史学的变迁为视角，分析历史研究之科学化如何成为史学家孜孜以求的目标，而后现代主义和"语言学的转向"，又如何对之有所改变。笔者认为，20世纪80年代之后出现的情感史，不但受到了"语言学转向"的浸染，而且复活和强化了之前历史科学化的努力。情感史研究不仅主张运用社会科学的方法，还提倡与自然科学结合，其开创的领域和尝试的方法足以标示历史学未来的发展走向。

　　有点吊诡的是，虽然情感史采用了科学研究的手段，但在其兴起之前，史学家并不把情感视作历史研究的对象。史学理论家威廉·休厄尔（William Sewell）在2005年出版的《历史学的逻辑》一书中，

---

*　本文原刊于《信睿周报》，2020年第17期。

有如下观察：

> 历史事件往往为高涨的情感所驱动。但社会科学家却如同
> 躲避瘟疫一样躲避情感。他们生怕如果将情感作为研究的对象，
> 他们就会被这个术语所含有的非理性、多变性、主观性和不可言
> 说性所玷污——他们论著的清晰无误和科学客观就会为人所
> 质疑。

休厄尔这里提到的是"社会科学家"，虽然对历史学属于人文学
科还是社会科学尚有争议，不过毋庸置疑的是，19世纪和20世纪之
交后的历史学一直朝着科学化的方向演进，直到20世纪下半叶才逐
渐出现转向。休厄尔写作《历史学的逻辑》一书，便以此转向为主题。
换言之，情感史的兴起折射了历史学这门学科在近年的最新发展。本
文将从历史学在20世纪下半叶的这一转变开始，分析情感史的缘起，
然后讨论其现状，最后阐述情感史的研究如何开拓了历史学的未来
发展。

1997年，史学史名家格奥尔格·伊格尔斯（Georg Iggers）出
版了《20世纪的历史学》一书，此书再版多次，被译成十多种文字，仅
中文版便有两个版本，影响甚广。此书的副标题是"从科学的客观性
到后现代的挑战"，其中"科学的客观性"占了全书的三分之二，伊格
尔斯在书的第三部分才讨论后现代主义批评对历史学的冲击。易言
之，直至20世纪90年代后现代主义思潮崛起之前，历史研究基本上
以向科学靠拢为主流趋向。更精确一点说，历史学的科学化起源更
早，19世纪下半叶，德国兰克学派已经代表了一个科学史学的高度，

利奥波德·冯·兰克本人也被视作"近代科学史学的鼻祖"。而自20世纪初以来的史学科学化潮流，则以修正和挑战兰克史学为主要特征。对于20世纪的科学史学家而言，兰克学派注重考证材料的真伪，尽量使用一手的、档案的史料，但在其基础上描述、叙述史实，并未达到科学史学的标准。对他们——如受到马克思主义影响的法国年鉴学派的史学家——来说，科学史学的特征是解释历史，从社会结构乃至自然环境的角度考察和分析人的活动。20世纪史学科学化的努力一直延续到第二次世界大战之后，比如战后西德一代的史学家，便希望通过重写德国、欧洲史来解释德国参与两次世界大战的根本原因。

虽然19世纪和20世纪的科学史学有明显不同，却享有一个共同的哲学前提——将人与外部环境（即主体与客体）、事物与心灵、大脑与身体、理性和情感做二分法的处理。这一形而上学的思维路径是近代西方哲学发展的主线，从启蒙运动以来便一直占据主流地位。所谓"形而上学"，就是认定宇宙或世界之中有一个本原，需要人类去发现、理解和解释。19世纪至20世纪历史研究走向科学化的过程，就是这一思维的映照和实践。这一启蒙运动的思维模式虽然流行，但质疑者也不少。比如德国哲学家尼采很早就强调要重视人的意志，他的同胞海德格尔则指出，其实事物与心灵或主体与客体之间，无法做绝对的区分。第二次世界大战之后，特别是在60年代出现的一系列社会运动（学生示威、民权运动、反战抗议和女性主义思潮等），让人看到这一主宰近代西方的思维模式存在诸多弊端，并由此质疑西方的现代性及其普遍意义。

自20世纪70年代开始，学术界出现了一系列重要著作，既展现了对上述启蒙运动思维模式的反思，又启发和指出了之后学术研究的方向。譬如福柯的一系列论著，不但指出主体与客体的沟通和理解过程必然通过语言这一中间媒介，还用具体的历史研究（如对疯癫、性和病人的研究）来呈现"他者"，也即在人类历史走向现代化进程中被撇之一旁的方面。海登·怀特的《元史学》吸收了福柯、罗兰·巴特等人的后结构主义语言学，指出历史书写受到语言架构的限制，其叙述方式会不可避免地展现一种情节，因此与文学虚构大同小异。爱德华·萨义德的《东方学》则揭露西方学术标榜的客观性和科学性其实是无稽之谈。怀特和萨义德都吸收了福柯的某些思想，他们三人的论著在理论上对现当代历史学的变迁产生了深远影响。与此同时，历史学领域也出现了不少新的气象。比如主张"眼光朝下"的新社会史及"日常生活史"，希望重现普通民众的生活，走出国族建构的写作模式。同样，新文化史也以小人物为主题，生动地描述了那些名不见经传的个人生活的方方面面。这两个学派用"新"字作为前缀，因为他们与以前的社会史和文化史不同，并不追求构建历史进程中的"宏大叙事"，亦无意说明社会整体变迁的宏观趋势。

到了20世纪80年代，情感史的研究可谓呼之欲出，因为上述新兴的史学流派，加上妇女史、家庭史乃至医疗史和身体史的研究，都让史学家有兴趣深入发掘人的自我及其构成。他们看到人的行为不仅属于理性的领域，也为情感的起伏所驱动；同时还注意到，人的情感（喜怒哀乐、爱恨情仇等）虽然古已有之，但其行动上的表现和语言上的表述，均与处于一定时空中的社会文化产生了一种互动、制约的关系，因此情感有着历史性。这一历史性主要体现在两个方面：

　　　　　　　　　　　上编　理论探索

一是情感的表达在各个历史时期有明显不同；二是情感的构成和特征在很大程度上也是文化、历史的产物。更重要的是，情感史学家指出，将人的自我构成硬性地划分为理性和感性、思想和情感、大脑与身体这样的二元思维，其实并不有助于全面解释人的行为，应该注意到它们之间的相互作用。当然，作为史学家，他们重视情感是因为自古以来情感便是人类历史演变的一个重要组成部分，不能因为其"非理性、多变、主观和不可言说"而将其撇在一旁。本文也将在下面指出，今天情感史研究的成果之一，亦间接纠正了休厄尔所描绘的社会科学家对情感的上述成见。

　　"修昔底德陷阱"是近年来学术界比较流行的一种说法，讲的是大国之间因博弈而形成的紧张关系。修昔底德是古希腊史学名家，其所著《伯罗奔尼撒战争史》描述了雅典和斯巴达之间的争斗，让后人推演出所谓"修昔底德陷阱"这一现象。但这一提法也略有问题。修昔底德分析雅典和其他城邦之间的矛盾，自然有我们理解的理性的层面，比如，雅典的霸权和帝国主义行径如何损害了其他小城邦的利益。但他还注意到这些矛盾所造成的情感波动：雅典的霸权行径如何造成其他城邦的嫉妒、不安和恐惧。而斯巴达出头联合小城邦对付雅典，也有正义感和守护传统的情感因素。更有意思的是，雅典的政治家在动员其公民参战，将战争合理化时，也多方诉诸情感。《伯罗奔尼撒战争史》中收录了不少演说词，其中最著名的是伯利克里在阵亡将士国葬典礼上的演说。伯利克里引用了诸多情感的表现，比如猜疑、嫉妒、害怕、热爱等，但他强调得更多的是雅典人的勇敢，那种或因恐惧而生但又超越了恐惧的勇敢。他认为，这才是雅典与众不同的原因。伯利克里举例说道：

我们能够冒险，同时又能够对于这个冒险，事先深思熟虑。他人的勇敢，由于无知；当他们停下来思考的时候，他们就开始疑惧了。但是真的算得勇敢的人是那个最了解人生的幸福和灾患，然后勇往直前，担当其将来会发生的事故的人。

勇敢既是一种情感的表现，又是一种美德。古代史学家如修昔底德注重情感表现出来的历史，是因为历史书写的一个重要目的就是为读者和公众树立道德榜样。这一史学传统，在近代史学走向科学化和职业化的过程中受到了质疑和批评——西方近代史学家也以此鄙视其他史学传统，比如中国的传统史学。一个原因就是，如果注重道德教育，那么历史研究便不是纯粹为了呈现历史的真相。这一思考反映的正是上述的二元论的思维模式：历史书写是为了通过研究而展现一个外在的、真实的客体。上文提到的德国史学家兰克，便因这句名言影响深远："人们一向认为历史学的职能在于借鉴往史，用以教育当代，嘉惠未来。本书并不企求达到如此崇高的目的，它只不过是要弄清历史事实发生的真相，按照历史的本来面目来写历史罢了。"所谓历史的真相和本来面目，显然就是哲学意义上的客体——于是，历史书写被视作史学家作为主体重建历史的客体的过程。

情感史的研究，并非要完全放弃重现历史真相的企图，而是强调这一重现并非那么简单，因为主客体之间无法分割，有一种血肉相连、无分彼此又互为因果的关系。情感史研究的新秀、任教于德国柏林自由大学的罗博·伯迪斯（Rob Boddice）最近出版了多部著作，其中《情感史》一书指出：

史学家无法在描述历史的时候，说历史人物都是语境和文化的产物，然后同时又说自己可以在书写中保持客观中立。经验主义和提供证据能让我们的叙述具有真实性，但重建真实的过去无法与史学家置身其内的构建、生产的过程相分离。

　　他的意思是，不但历史中的人物有道德的立场，史学家写作历史同样无法避开道德判断。更重要的是，道德与情感有着不可分割的密切关系，因此伯迪斯认为，情感史的开展能有助于道德考量重归历史学的领域，使后者展现一个新的发展前景。

　　伯迪斯对道德与情感关系的考察，受到科学史学家洛兰·达斯顿（Lorraine Daston）的启发。达斯顿对现代科学的发展史有深入和全面的研究，对史学家而言，达斯顿对现代科学的反思打破了科学的迷思，从而反省史学科学化之必要及探求其新的路径。达斯顿曾与人合著过《客观性》（Objectivity）一书，指出客观性的属性就是"归真"（truth-to-nature）——通过考察自然而不加修饰地描述自然。《客观性》一书提出，其实这一概念既是历史的（自18世纪的西方开始出现）又是道德的，也即这一概念等同于科学研究的一种"认知美德"（epistemic virtue）。18世纪以来的科学家认为必须遵循这一"认知美德"，即直面自然才能格物致知，取得科学研究的成果。达斯顿还重新解释了"道德经济"（moral economy）这一概念，突出的不是经济活动中正义、善意和公正的部分，而是"经济"（economy）的英文原意——有序的、功能性的各部所构成的一个有组织的系统。她的这一理解与上述打破二元论思维的企图有异曲同工之妙，强调的不但是人的行为与外部环境的交流，还将人的行为背后的成因看作情感与心灵、理性与感性相互作用的结果，难怪会得到情感史学家伯迪斯的激赏。

如果科学研究中亦无法剔除情感，那么情感的研究对于历史学家而言就更是不可或缺的了。不过，情感史作为一个史学流派的兴起，很大程度上是受到社会科学和自然科学研究的刺激，因此情感史的研究自一开始便在方法上带有跨学科的特征。举例来说，威廉·雷迪所著《感情研究指南：情感史的框架》一书，出版于2001年，是情感史的先驱性著作。此书共有两个部分，第一部分探讨"情感是什么？"，描述的是认知心理学和文化人类学对情感的研究。同时，雷迪又显然受到了"语言学的转向"这一思潮的影响，提出了"衔情话语"来探讨情感与语言之间的复杂关系。书中的第二部分是历史学的内容，题为"历史中的情感"，以法国大革命前后的历史为例，分析史学家如何从情感的角度认识、解释这段重要的历史。同样，扬·普兰佩尔在2012年出版的《情感史入门》一书中，也介绍了人类学和生命科学对情感的研究，然后再过渡到情感的历史研究中出现的不同视角。另一位情感史的先驱芭芭拉·罗森宛恩在2018年与人合写了《什么是情感史？》一书，其中也有一章讨论"身体"，介绍科学家从生理学等角度进行的情感研究。易言之，情感史虽然是一个史学流派，但其研究却几乎必然要与其他学科，包括自然科学互动和交流。

上述著作采取跨学科路径的一个重要原因是，其他学科的研究进展有助于历史研究突破启蒙思想家所主张的二元论思维模式。雷迪在《感情研究指南》一书中写道：1980年之前，认知心理学家认为情感与思想分离乃至相对，希图探讨"单一的、生理预设的情感状态"。但通过各种实验,他们发现其实情感在认知的过程中,起着潜在(下意识或无意的)又重要的作用;思想与情感无法分开处理,而必须综合考察。因此有人创造了"认知情感"(cogmotion=cognition+emotion)这一术语,用来形容情感与认知双方之间的互动和依赖。如果认知心理学家看到人并不是秉性难改,闹情绪也不是生理的反映,而是可以被思想所控制,那么文化人类学家或情感人类学家则指出,人的情感及其表达与所处的社会和文化有着相互影响和制约的关系。于是雷迪本人希求探究情感的表达与语言使用之间的关系,用"衔情话语"来进一步阐述情感如何反映了这一生理与心理的双重关系。

雷迪讨论"衔情话语"受到结构主义,特别是后结构主义语言学的启发,但他又对它们有所扬弃。他认为,这些语言学研究的重要成果就是让人看到主观、客观的界限并非清晰可辨,因为人在用语言交流时,其手段本身又受到语言这一结构的控制。他借鉴英国语言哲学家约翰·奥斯汀的研究指出,人们使用语言表达情感的目的是"激活"(activate)讲者和听者的一种情感。如果目的达到,那么这就是雷迪所谓的"衔情话语"。不过,"衔情话语"的表现各式各样(含蓄、直接、借喻,是否加上手势、动作等),"激活"情感的程度也各有不同。更有意思的是,雷迪指出言语的使用又会促进一种认知。他的例子是,哲学家伯特兰·罗素(Bertrand Russell)在与心仪的女子谈话到凌晨时脱口而出"我爱你",之后他顿时认识到自己真的爱上了对方。雷迪写道:"爱的告白不仅是情感的确认,也是一种强化。"换言之,讲话这一身体动作与大脑的思考浑然一体,无法分开。

我们可以从这个例子出发,梳理情感史研究在今天的多方位发展。首先是情感在历史长河中是否会有变化，即情感有没有历史性。情感史研究者对这一问题的回答是肯定的。爱情自人类社会的起始便存在，古代文化中有不少歌颂爱情的篇章。但如果查看近代以前人们对待爱情这一情感的处理，至少在夫妻和家庭中间，就会发现有明显的不同。以明清时期的中国为例，《浮生六记》的作者沈复详细描述了他对妻子陈芸的热爱，因为他的写作并不以发表为目的，所以表达相对直白。史学家陈寅恪于是有这样的评语：

> 吾国文学，自来以礼法顾忌之故，不敢多言男女间关系，而于正式男女关系如夫妇者，尤少涉及。盖闺房燕昵之情意，家庭米盐之琐屑，大抵不列载于篇章，惟以笼统之词，概括言之而已。此后来沈三白《浮生六记》之闺房记乐，所以为例外创作。[1]

《浮生六记》虽是一个例外，但与现代中国人表述爱情的方式仍有明显差异，读者稍微翻阅几页便可得出这样的印象。而在西方，受宗教等束缚，直至近代早期，夫妻之间的相爱及其表述仍十分拘谨。英国史学家劳伦斯·斯通在其巨著《英国的家庭、性与婚姻，1500—1800》一书中用详尽的史料指出，那时的夫妻之间很少有爱情的表达，两人是否相爱并不是婚姻的主要基础。当然，斯通选择这一时期作为考察的重点，主要是为了研究传统的婚姻架构如何开始产生变化。而一些研究早期美国社会和文化的著作也指出，在当时的新教徒家庭中，夫妻二人不太注重增强双方之间的爱情，因为他们生怕这

---

1 陈寅恪：《陈寅恪集：元白诗笺证稿》，北京：生活·读书·新知三联书店，2011年，第103页。

种世俗的爱恋会影响他们崇爱上帝。

情感除了呈现出历史性, 同时又有空间性, 即各个文化之间的情感构成和表述不同。比如, 处于不同文化中的人用于表达相爱之情的词语, 就有许多差异。一般而言, 处于亚洲文化中的人比较内敛, 表达爱情相对不太直接, 像罗素那样直接使用"我爱你"表白的比较少见, 而会使用诸如"喜欢你"这样的表述。日文中虽然也有"爱"这一汉字, 但相爱之人通常会用"喜欢"(好き)来表达爱慕。由于日文中经常省略主语和宾语, 所以"我爱你"这样的表述基本无法在日语中找到直接对应的用语。上文提到的雷迪《制造浪漫爱情: 欧洲、南亚和日本的欲望与性爱, 900—1200》, 对三种文化中的情爱文化做了比较深入的对比研究。同时, 我们还应该注意到一种文化内部的差异, 比如欧洲北部与南部的文化及其情感表述有明显不同, 所以情感的研究也需要突破东西方二元对立的思维框架。

上述讨论也让我们看到, 情感的时间性和空间性基本都仰赖语言来表现。如前所述, 情感史的研究与20世纪90年代出现的"语言学的转向"关系甚密。2012年《美国历史评论》杂志组织了一次圆桌讨论, 让情感史学者参与其中。这些参与者都承认, 历史学的"语言学的转向"对他们的(早期)研究有不少启发。罗森宛恩认为, "语言学的转向"让人注意语言的不透明性, 她在一篇讨论情感史的问题和方法的文章中指出, 研究情感史对史学家重新解读史料提出了一系列新要求。史学家若要真正理解情感的表述, 需要参考当时的文化和理论背景, 仔细掂量情感用词的轻重程度, 理解情感词汇的借喻和讽刺意涵, 以及体会沉默时刻所表现出来的情感。

情感史的研究与语言关系紧密，主要是因为近代以来的史学家治史以文字材料为主，而情感史作为一个流派的吸引力又在于其试图走出后结构主义语言学的影响，不认可世界上的事物都是"文本"，没有任何实在性。情感史的研究希求从人的情感经验来重构认识论的基础。人们诉说情感时，语言固然重要，但在某些场合却又不如其他方式那样有效。王实甫的《西厢记》便是一个显例。张生从崔莺莺的琴声中听出了哀怨，而他同样也是通过弹琴来表达对崔莺莺的爱慕，使其动情。这类故事并不少见，在横跨欧亚大陆的丝绸之路上，许多乐器——如琵琶、箫、二胡、马头琴以及小亚细亚流行的巴拉玛琴（baglama）——都可以被用作情感表达的媒介，以表现某些羞于启齿的情愫。

　　当然，除了音乐，情感还可以通过脸部表情和身体动作来表达。情感史研究的开展与近年兴起的身体史（history of the body）、神经史（neurohistory）和"深历史"（deep history）等流派均有相通之处。而研究这些领域，自然科学（如神经科学、生理学、生物学、医学等）的成果是不可或缺的。限于篇幅，上述这些史学流派不在本文的讨论范围之内，但笔者想指出的是，像情感史的研究一样，这些史学流派都关注并试图揭示身体与情感、身体与思想之间的互动关系。有学者指出，生理学（physiology）对于心理学（psychology）来说至关重要，两者无法分离。有研究证明，人的脸部表情与心理、情感活动形成呼应，可以通过检测脸部表情猜测心理和思想。测谎器的制作便是基于这一理念。普遍而言，人在紧张、不安或羞涩时，常常会脸红、心跳加速。所以这类研究让人看到，人的认知和行为有其共性，并不像后结构主义、后现代主义所主张的那样，一切都是虚幻而不实在的，需要主观解释的，而解释又受制于语言和文化的束缚。

不过重要的是，上述这些研究也指出，身体的表现虽然看似是人的天性，但也受到文化、习俗的深刻影响。罗森宛恩一言以蔽之："文化不但形塑了大脑，还形塑了身体。"以脸部表情为例，研究者揭示了不同文化背景和人生经历给面部表情带来的不同影响。一个简单的例子就是，测谎器对一个训练有素的特工来说，并不能奏效。此外，人的喜怒哀乐等心情的表露方式也受着文化习俗的形塑和制约。比如人在悲伤时通常会落泪，但眼泪并不只表现悲伤，喜极而泣的情形也十分常见。笑的形式更是多种多样，中文里便有"微笑""冷笑""嘲笑""苦笑""嬉笑""讥笑""傻笑""暗笑""哄笑""浅笑""憨笑""耻笑""嗤笑"等形容。表达的情感各不相同，无法一概而论。英文中同样有很多词可以用来形容"笑"这一脸部表情，有的在中文里能找到对应词，有的则几乎无法翻译。比如，笑虽然常常表达一种欣喜、喜悦的情感，但并不尽然，因为一个人尴尬、紧张或羞涩时也会在脸上堆起笑容。对于中文里"尬笑"这样的表述，英文里有"nervous laugh"可与之对应，但英文的"laughter"一词包含了多种含义，不是"欢笑"或"大笑"就能完全概括的。换言之，一个人如果放声大笑，其背后隐藏的情感可能是喜悦，也可能是悲伤或其他莫名、难言的情愫。

上述讨论揭示了情感史研究面临的许多挑战，同时也显现出其前景无量。可以说，情感史的开展在某方面展现了历史学在20世纪末"语言学的转向"之后的发展前景。美国史学家加布丽埃勒·施皮格尔（Gabrielle Spiegel）在2005年编纂的《实践历史：语言学转向之后的历史学新方向》一书中就曾预测，今后的历史书写会更注重人的"经验和实践"（experience and practice），身体也不再是听命于其他能动体（agent）的被动体，而是一个"深嵌了精神、情感和行为习惯的所在"。上文讲的"笑"这一身体动作所表达的丰富情感，便是一个写照。笔者以"笑"为例来讨论身体与情感之间的复杂联系，是因为"笑"或"laughter"的多重含义已经成为当代学者研究情感史的一个重要主题，由此已出版了大量论著。"笑"这一行为虽然古已有之，但其方式、场合和意蕴各有不同。除了历史性之外，"笑"还有空间性和社会性，考察"笑"的方式、场合和意蕴需要考虑文化、性别和阶层之间的差异。

总而言之，人在身体层面的"经验和实践"综合了思考和情感，展现了一个活生生的有机体。2018年，伯迪斯在其总结情感史新潮的书中指出，情感史的兴盛受到其他学科，尤其是人类学和神经科学的影响，这主要是因为这两门学科注重人的身体和行为。他认为，情感史与历史学的关系主要体现在四个方面：其一，情感与其他人类活动一样，在时空中呈现变化，有其历史性，因此是历史研究的对象；其二，情感并不仅仅是历史场景和变动的结果，而且对历史的变化产生了作用，同时具有因和果的联系；其三，情感体现了作为"生物文化的人"（biocultural human being），在人类历史中处于一个中心的位置，并与周围的世界产生了许多互动；其四，情感与道德形成了紧密的关系，这是因为人的情感行为与道德行为无可分割，研究后者必须考察情感的场景（这里的第四点可以与孟子所谓的"四端说"相比仿，因为孟子指出"恻隐、羞恶、辞让、是非"这些道德概念与人的情感密不可分）。以上四个方面较为清晰地点明了情感史的开展如何帮助形塑历史研究的未来，而对历史从业者而言，这一未来含有相当多的挑战。因为情感史的研究既与社会科学相连，又与自然科学交流。情感史研究的跨学科取径体现了当代学术发展的总体趋向，亦对历史教育和人才培养提出了一个崭新的要求。

性别史和情感史的交融：情感表现的性别视角 *

当代史学的发展走向，大致呈现了一个多元化的趋势。与19世纪的历史研究不同，当今并没有一个流派能占据压倒一切的地位。一个新兴史学流派的勃兴，往往兼顾其他相关的研究兴趣。性别史和情感史这两个史学流派的兴起和交集，就是一个显著的例子，因为两者不但几乎同时出现，而且自始至终呈现出一种水乳交融、密不可分的有机联系。在西方文化中，一个熟知的例子就是：女性常被视作"情感的性别"（emotional sex），抑或"情感的女性"，从而与"理性的男性"相对照。社会心理学家爱格妮塔·菲谢尔（Agneta Fischer）在2000年主编的《性别和情感：社会心理的视角》，是较早的一本探究情感与性别关系的著作。2018年法国的《克莱奥》杂志出版了从历史的角度探讨情感与性别关系的专辑"妇女、性别、历史"，由史学家达米安·博凯（Damien Boquet）和迪迪埃·莱特（Didier

---

* 本文原刊于《史学集刊》，2022年第3期，发表时题为"性别史和情感史的交融：情感有否性别差异的历史分析"。

Lett）主编。上述几位编者不仅学术背景相异，性别也不同（后两位是男性），但都不约而同地指出，性别与情感之间存在着一种被视为理所当然的自然联系。

那么事实究竟如何？回答这个问题是本文写作的契机，却不是笔者写作的主要目的。本文写作目的有三：一是从史学史的角度，描述性别史和情感史这两个史学流派的兴起及其相互关联；二是以西方历史和文化为背景，讨论当代史学界出现的有关情感反映性别差异的重要作品，探究两者成为历史研究对象的意义；三是从史学发展的角度，分析和考察性别史和情感史这两个新兴的史学流派，如何质疑和挑战近代传统的历史观念，进而论述和考量它们对当代史学的演变所做的贡献。换言之，笔者虽然不会直接解答情感与性别之间是否应该形成一种自然的关联，但探讨上述三个问题将有助于理解产生这一关联的复杂的历史文化背景。历史研究的宗旨之一是鉴往知来，从历史的角度分析性别与情感之间的复杂关系，将有助于我们进一步从身体、心理和情感等层次认识历史活动中的人及其行为。

一、作为历史研究对象的性别和情感

首先需要指出的是，性别史和情感史不仅几乎同时在20世纪最后十多年兴起，而且都面临一个相似的问题，即研究对象的历史性。这一问题来自两个方面，一是历史书写传统对史家视野的限制，二是性别和情感因其身体和生理的属性，长期以来不被视为历史研究的对象。就第一个方面而言，古今中外的历史记载和书写，大致为重大的历史事件所推动，而这些重大的历史事件，又往往发生在政治、外交和战争领域，因此早期的史书便大多以此为主要内容。中国最早的古史之一《尚书》，便收录了帝王君臣的"典、谟、训、诰、誓、命"等文献，即现代语义上的帝王诏书、宣战令、外交文件、战争谋划等内容。西方"史学之父"希罗多德的《历史》，虽以包罗万象著称，但其记载则以希波战争为主线。之后修昔底德的《伯罗奔尼撒战争史》，其书名和内容都显示，这是一部以战争为主题的史书。在战争、政治和外交活动中，两性和情感都不可或缺，但其主角则大多是男性，因此古往今来的历史书写，均以男性精英的活动为主体，只是偶尔涉及女性和情感等方面的内容。这一传统一直延续到二战结束之前，虽然间或有人提出质疑，但没有产生明显的改变。性别史和情感史等新兴流派，要到20世纪末才渐渐崭露头角。

其次，与社会史、经济史、文化史等流派相比，性别史和情感史所研究的对象，因其属于生理和身体的领域，以前不被视作历史考察的对象。传统抑或常规的历史研究，注重探讨历史现象的变化及其原因，并尝试做出某种因果解释。但倘若将两性之间的差别，完全从生理的层面考量，将其视为相对的两极，并且一成不变，那么两者之间的关系也就没有明显的历史性。譬如在传统社会中，男性常居于比女性高一等的地位。倘若将这一社会地位的差别视作两性生理特征不同所致，男尊女卑是自然的产物而不会变更，没有时间和空间上的差别，那么性别史研究便不会成为当今一个蓬勃兴旺的领域。依照性别史专家索尼娅·罗斯（Sonya O. Rose）的分析，在性别史研究兴起之前，男女的性别之差被视为"自然的差异"，并以此"说明或解释人们观察到的女性和男性在社会地位、社会关系上的差异，他们在世界上生存方式的差异，以及男女在多种权力形式下的差异。重要的是，男女之间关系的等级属性是一种预设前提,从未被质疑"。

与性别史相比,情感史的研究对象乍看起来似乎更缺乏历史性,因为在已知的文明史中,男尊女卑固然是常态,但毕竟有形式上的不同。而喜怒哀乐、爱恨情仇等情感,无论古今,总是与人类社会紧密伴随。古人和今人具有的这些情感,如果没有明显的差别,那么历史研究就无从展现其特长,以描述、分析和解释情感在历史过程中的变化及其原因。扬·普兰佩尔在其《情感史导论》一书中指出,在19世纪之前,人们关注情感,基本将之视为"固定不变、超越文化、跨越时空、无关种族的生理的"现象。当时及其之前、之后的历史书写,自然也包含情感的内容,但并不将情感作为一个历史现象来看待,情感史作为一个史学流派,在20世纪80年代之前,并未在史学界登场。

性别史的前身是妇女史,后者的开展与20世纪60年代的风云变迁息息相关。当时兴起的第二波女性主义运动,引发人们关注妇女在历史长河中的作用。但如上所述,受制于性别关系为自然属性的传统观念,妇女史的研究只以妇女为考察对象,有点自我设限、自我排除于史学界的主流,没有促进后者在观念和方法上的变化。到了80年代,这一情形逐步发生了明显的变化,一些妇女史家强调要想真正理解妇女的历史作用,需要同时考察两性关系。他们提倡用社会属性的"gender"(一般译为"社会性别")来取代生物属性的"sex"(性别),主张两性关系本身是历史的产物,同时也对历史进程产生了重要的影响。琼·斯科特(Joan Scott)于1986年发表的《社会性别:一个有用的历史研究范畴》一文,是当时提倡性别史研究的重要论著之一,有力地推动了性别史的开展。性别史研究的特点是,强调两性关系是历史和文化的产物,突破女性和男性分属"私"和"公"不同领域的传统思维，突出性别差异的社会性，而不是其生理性。因此性别关系就作为一个历史的变量成为值得深究的新领域。

　　情感史研究的开展得益于情感研究的兴盛。第二次世界大战后社会学、人类学、心理学、哲学及脑神经科学、医药学等学科就情感对人的行为之影响，做出了不少新的分析和探索。这些研究比较侧重情感的普遍性，而史学界开始注重情感的历史性，这与社会史的研究有关。前面提到彼得·斯特恩斯与卡萝尔·斯特恩斯在1985年发表的《情感学》一文，便是一个著名的例子。他们认为情感虽然是人类社会的常态，但情感的表达则受制于社会的习俗和规范，并随着历史的变动而变化，因此是一个值得研究的历史现象。威廉·雷迪在其《感情研究指南》一书中，提出"衔情话语"（emotive）一词，指称情感如何通过语言流露，而语言是变化的，折射了文化和历史的演变，因此情感成为历史研究关注的对象。芭芭拉·罗森宛恩则提出了"情感共同体"的概念，指出情感表达如何受制于某个特定的场所，即空间上的不同。同时，她通过比较宗教改革前后教徒赎罪的个案研究，指出情感流露虽然看起来相似（比如一个人在祈祷、忏悔的时候掉泪），但其含义却随着时代背景的不同而有着显著的差异。她由此指出情感史的研究其实能很好地展现历史演化中变与不变的交叉互动，有助于人们重新审视历史分期的问题（譬如传统到近代的过渡）。

二、情感与性别：历史的考察

　　对情感史和性别史两者结合的考察，也有力地证明情感表达之性别差异同样是历史的产物，从而也是历史研究的对象。比如《圣经》里的"创世记"，说到亚当和夏娃意识到他们赤裸相对的时候，虽然有异性相吸之情，但也产生了羞耻之感。在基督教兴起的初期，如在圣奥古斯丁写作的《上帝之城》里，亚当和夏娃的情感没有明显的性别之差——他们都对两人犯下的"原罪"感到羞愧。但到了文艺复兴的初期，意大利画家马萨乔（Masaccio）创作《逐出伊甸园》画作之时，亚当和夏娃的举动就显示出明显的性别差异：前者双手捂脸，后者则用手遮住乳房和私处，脸上露出痛苦万分的神情。后人的解读是，马萨乔试图表明，亚当的举动显现出一种道德上的羞耻和后悔，而夏娃则为自己的赤身裸体感到羞耻。这样的解读，其实是在一定程度上让夏娃承担更多的"原罪"，因为亚当似乎是被她的身体所诱惑而犯下了道德上的不伦之罪。古典希腊罗马时代有不少人体雕像，但到了中世纪基督教流行的时代，其生殖器不是被覆盖就是被移走，显示出羞耻这一情感的时代特征。马萨乔原画上亚当、夏娃的生殖器部分，也曾被后人用无花果叶遮住，说明即便到了文艺复兴时期，其情感表现的接受程度，仍然与古典时代颇有差别，显示了情感表达有其历史阶段性。

上面的例子表明，随着时代的变化，情感的展现显示了明显的性别差异。这一差异可以说是古已有之，在古典时代，始自荷马的古希腊、罗马的作家和诗人，就区分了"男人的"情感和"女人的"情感。比如悲剧家索福克勒斯（Sophocles）指出软弱和悲伤体现的是"女人的"情感，而男人则要显示勇敢，即使悲痛也不可轻易掉泪，否则就不够"男人"。西塞罗指出，罗马名将马克·安东尼既有勇敢又有怯懦的一面，但他还是认为安东尼不失为男人，而那时的罗马人认为，谦虚和内敛是女人的美德。换言之，遇到不快的时候，男人可以表现出愤怒，而女人则虽然可以表露悲伤和痛苦，但还是需要自我克制。当然，对于政治家来说，在公众场合克制自己的情感在古典时代普遍被认为是一种必要的美德。

欧洲古典时代结束并进入中世纪之后，情感表现的性别差异得到了更多的强调，主要标志是将情感愈益"女性化"，也即前文所言，女性被视作"情感的性别"，而男性则渐渐被看作"理性的性别"。强调这一性别差异，无异于提高了男性的地位，因为像古典时代对公众人物的要求那样，情感需要有所控制，而控制的手段就是借助理性。既然"男性代表了理性"（personified reason），那么作为"情感的性别"的女性，就需要受制于男性。女性作为"情感的性别"的表现是，她们相对男性而言对外界的人和物更具敏感度，于是也就更容易为声色所惑。13世纪的欧洲教会援引福音书里的一段教导指出，妇女在祈祷的时候，需要戴上头巾，由此来显示她的克制和谦恭。教会人士还有这样一种说法，"女性是男性的荣耀"（woman is the glory of man），其意思就如同"孩子是家长的荣耀"一样，宣扬的是这样一个理念：男人教育、管束女性就像家长需要教育子女一样——一个家庭中女性能否谨守妇道，取决于那个家中的男性，如同孩子是否有出息，取决于家长的教育一样。由此我们似乎可以对马萨乔在《逐出伊甸园》中区别处理亚当和夏娃的行为有一个更清楚的认识。亚当没有遮盖自己的下身，而是用手蒙住了脸，表现出所谓道德上的羞耻，因为他为自己一时失去理性而愧疚。生活在15世纪初的马萨乔，虽然其画风体现了文艺复兴的艺术风格，但仍然深受中世纪文化的浸染。

不过值得指出的是，男性虽然被视作理性的化身，但亚当的行为也表明，男人在某些，甚至许多时候，也同样会为情感所左右——情感在历史上的作用不可忽视。同样关注13世纪欧洲社会的一项研究指出，当父母失去孩子的时候，其悲伤的表露方式虽然有所不同，却没有特别明显的性别差异，因为他们都经历了一个极度痛苦的时刻。另一项有关法国大革命的研究也指出，至少在革命爆发的初期，男女表现出类似的激愤和激情，没有明显的性别差异。当时建立的革命委员会也有女性成员。受到法国革命的激励，英国女性主义的先驱玛丽·沃斯通克拉夫特（Mary Wollstonecraft）写作了《女权辩护》一书，成为近代女性主义的一部宣言书。但1793年法国开始制定宪法、注重秩序和稳定之后，女性又开始被要求扮演好母亲和妻子的角色，不能像男性那样积极参与公共事务。路易·德·圣茹斯特是一个激进的革命者，主要由他起草的1793年宪法，最后却只给予男性公民权，便是一个颇具说明性的佐证。

事实上，从情感史的层面考察，近代欧洲社会的建立与男人追求克制情感、培养所谓"男性气概"（masculinity）的过程，呈现出一种平行发展的趋向。这一发展的特点就是进一步强化男女的性别差异，将"男性气概"与"女性气质"（femininity）对立起来。澳大利亚的性别研究学者雷温·康奈尔（Raewyn Connell）在其名著《男性气概》一书中指出，在近代欧洲，男人寻求表现"男性气概"，这与欧洲历史的发展紧密相关。首先是宗教改革的发生培育了个人主义的意识，与中世纪强调集体主义的传统相对，让那时的人更注意到自己由于性别差异而在社会上扮演不同角色。第二是欧洲的殖民扩张，殖民者大多为男性，在与被征服地区的原住民发生战争时，需要展现自己的英勇气概，欧洲妇女很少参与这一早期的殖民征服，即使参与其中也主要发挥后援的作用。第三是资本主义商品经济的发展，使男性在经济活动中扮演主要角色，需要展现其理性的思维和决断。最后是民族国家的建立，从政治和法律的层面确立了近代的父权制，进一步确立了男女之间地位的不同。

英国的欧洲史家理查德·埃文斯（Richard J. Evans）在其《竞逐权力》这一19世纪欧洲通史研究中也指出，当时出现了政治、经济、宗教和社会层面的多种重大变化，与此同时也是一个"情感的时代"。不少被人们视作浪漫主义的小说、诗歌和音乐，便是当时的写照。但他特别强调，这一"情感时代"的重要特点就是将情感"性别化"，特别是在19世纪下半叶。埃文斯引用一本当时出版的德文大百科全书的描述："女人是感情型生物，男人是思考型生物。"为了突出"男性气概"，大庭广众下啜泣的行为，就成了女性懦弱的象征，而男人则必须"有泪不轻弹"。那时的男人还开始蓄须并戴高帽——"高顶黑色大礼帽取代了19世纪20年代的三角帽后，中产阶级的男子几乎每人一顶"。对于蓄须戴高帽现象的出现，埃文斯解读为欧洲男性对那个时代刚刚冒头的"新女权运动的一种逆动"。

由上文可以看出，近代社会宣扬"男性气概"，将之与"女性气质"对立，其实表现出一种权力关系。而这一权力关系的基础就在于强化男人和女人在情感掌控和表达方面的差异。雷温·康奈尔指出，近代社会理所当然地视男性为"理性的性别"（men of reason）。她借用了安东尼奥·葛兰西的"文化霸权"理论，提出了"男性气概的霸权"（hegemonic masculinity，直译为"霸权式的男性气概"）

这一概念，用来指称男性在政治、经济、社会和文化等诸多方面凌驾于女性和其他性别（跨性别者、变性者等）之上的现象。在《男性气概》之前，雷温·康奈尔还写作了《性别与权力》一书，对性别关系所呈现的权力架构做了深入的分析。在纳粹主义盛行的时候逃离德国、移居美国的历史学家乔治·莫斯（George Mosse）著有《男人的形象：制造男性气概》一书，他进一步指出近代的"男性气概"理念生成于18世纪下半叶，并在19世纪得到了长足的发展。对他而言，所谓"男性气概"和"女性气质"均是一种"成见"（stereotype）；这些成见的生成和普及造成了恶劣的后果，即不但歧视女性，而且还歧视其他种族（例如欧洲的犹太人和吉卜赛人）的男性，认为他们"不像男人"（unmanly），甚至是"半男性、半女性"（half man, half woman）。

那么，如何定义"男性气概"呢？从上面的讨论可见，界定"男性气概"和"女性气质"的一个重要手段就是将之在情感方面的表现对立起来。乔治·莫斯指出，欧洲近代的"男性气概"基于中世纪"骑士精神"（chivalry）的传统，即男人需要在战场上或其他危急的时刻，表现出勇敢沉着、毫不畏惧，控制住自己恐惧不安的情绪，以守护、捍卫自己的名誉为第一要务。与此相对照，女人则为情感、欲求所左右，无法保持理性、控制感情。莫斯举例说道：19世纪的浪漫主义者一方面歌颂女性的纯真、贞洁和温柔，另一方面又写了许多作品，宣扬所谓"致命的女性"（female fatale），有声有色地描绘男人与"妖妇"（temptress）一夜欢愉之后，如何在第二天早上被其杀害，由此来告诫男人不能失去理智、耽于声色。对于近代社会将男女的性别和情感相对立的现象，雷温·康奈尔将其归纳为一种"父权意识形态"（patriarchal ideology），其特点就是认定"男人是理性的，女人是情感的，成为一种根深蒂固的欧洲哲学前提"。近代社会宣扬理性主义，认为科学和理性是历史行进的动因，而科学和理性在文化上则被视作"男性的领域"（masculine realm）。她提出的"男性气概的霸权"，指的便是这样一种基于情感表现不同而将两性对立的文化，及其如何全面笼罩着当今社会，无孔不入地掌控着人们的思维和行为。

三、情感史和性别史：史学史的考量

以上的例子虽然简略，但横跨欧洲历史的古今，显示人们往往将情感表现形式的不同与性别差异相关联。如本文开头所说，情感史和性别史的研究，不但兴起的时间几乎相同，而且从一开始就呈现了一种水乳交融的关系。在德国柏林马克斯·普朗克人类发展研究所任职的乌特·弗雷弗特在2011年主编了《历史上的情感：失去的和重拾的》一书，该书是情感史研究的先驱作品之一。该书除了导论和结论之外，共有三章，第二章题为"性别化的情感"。澳大利亚情感史专家苏珊·布鲁姆霍尔（Susan Broomhall）主编了几部研究欧洲大陆和英国历史、社会的著作，同样将情感与性别两方面结合起来考察。在历史学领域以外，其他学科的学者对情感和性别之间关系的研究，可以说也是层出不穷、举不胜举。

那么，情感史与性别史研究的联手，在史学史上有何价值和意义呢？笔者不揣浅陋，在以下四个方面略做阐述。首先，如同上述，情感和性别长期以来没有成为历史研究的主要对象，而情感史和性别史的联手，却能更为明确地展现情感构成和性别认知的历史性。以性别史而言，其发生、发展的一个重要转折点就是从主张男女"性别"的不同，转而认识到两者之间的"社会性别"差异，而史家对这一转化的认识，很大层面上来自对男女情感表现异同的考察。换言之，男女性别的差异虽然有其生理基础，但在情感的表现上却并不总是那么泾渭分明，而是会出现相互交叉的现象。譬如上文已经提到，在父母失去孩子的悲痛时刻，其情感的表现并没有十分明显的性别差异。一项关于第一次世界大战期间法国士兵与他们妻子通信的研究发现，远在前方的士兵与身处后方的妻子通信时，男女之间情感表达的形式与一般的刻板印象有所不同：丈夫和妻子都相互表示思念之情，但前者更多地写到自己如何掉泪和害怕，而后者却较少提到自己落泪，相反却时常使用"勇敢"和"无畏"等词语来形容自己的生活和感受。易言之，男女的情感表现，并不全然囿于成见，而是会出现交叉、混合的现象。

不过，上面这些都是相对少见的例子——男女的情感表达，的确在大多时候呈现比较明显的差异。这里一个重要的、值得思索的问题是，这些差异的形成主要是自然的（天然的）、生理的还是文化的，抑或历史的？情感史与性别史的交互研究，倾向于显示后者是更主要的因素。据统计，欧洲女性哭泣的次数，要比男性高出四倍至五倍。乌特·弗雷弗特指出，男女在这一点上的区别与他们的生理差别并无关系，而是"一种文化现象，反映的是社会规范和风俗习惯"。不过弗雷弗特的观点并不为其他学科的学者完全赞同。譬如社会心理学家爱格妮塔·菲谢尔便认为，男女哭泣的次数不同，自然有社会和文化的因素——女性比男性更被允许表露自己的情绪，但生理的因素仍然是一个重要的考量。她给出的一个理由是，在世界上已知的文明中，女性的哭泣频率普遍高于男性。

一个不可否认的事实是，情感表现的性别差异虽然古已有之，但在欧洲近代社会得到了明显的强化。用弗雷弗特的话来说，近代社会的建立，提倡所谓人人平等，但又强调两性之间的不平等。具体言之，英国革命和法国革命之后，教士和贵族之下的等级（譬如法国的第三等级）的权益不断得到扩张，他们逐渐获取了相对平等的社会地位。当时的启蒙思想家如卢梭、康德等人，提倡理性主义，但他们的做法则是将理性的扩张与男性的行为相连，同时贬低女性，认为女性的生物属性使其受制于情感，无法像男人一样运用理性。这种二元论的思维，贯穿了欧洲近代哲学和思想的发展，而从情感和性别的角度考量，便是论证男性代表了理性而女性代表了情感。卢梭、康德等启蒙思想家认为，女性天性温柔、慈爱多情，因此自然担当了养育孩子、体贴丈夫的责任，但她们的这种充满情感、热情洋溢的天性，又让她们无法做出理智的决定，因此，需要以仰赖和服从丈夫为人生的准则。卢梭在其名著《爱弥儿》一书中明确指出，男人的成长的确需要女性的陪伴，但后者的作用就在于扶助、取悦男性，让自己有用于男性，但在公民社会中则没有其位置。

欧洲近代哲学的二元论思维，突出了男女的性别差异，这也可以从身体史的角度略见一斑。索尼娅·罗斯在《什么是性别史》一书中，引用美国的法国史专家林恩·亨特（Lynn Hunt）的研究指出，在法国大革命发生之前，有钱的男子也像女性一样，不但衣饰华丽、戴假发并化妆，而且穿长袜、马裤和高跟鞋，但在大革命之后，男性穿着变得千篇一律，偏向穿统一的制服，为的是突出男女的性别差异，凸显自己的男性气概。另一篇研究19世纪法国军队的论文也指出，当时法国男人均须接受军事训练，其主要目的就是培养男性气概，而穿着统一的制服也是手段之一，为的是让男性展现自己的"阳刚之气"（virility）。而一个男人是否具有"阳刚之气"的关键之一，还在于他是否能有效运用自己的理性，遏制自己情感的外露。更值得一提的是，法国军队所注重、灌输的"男性气概"，其影响并不仅仅限于军队之中，而是如上文中雷温·康奈尔所指出的那样，具有"男性气概霸权"的特点，渐渐成为当时社会衡量一个男人阳刚与否的标杆。上述理查德·埃文斯对19世纪欧洲情感走向性别化的描述和分析，亦是一个有说服力的佐证。

其次，性别史和情感史的联手，不但能显示两者的历史性，而且在呈现情感表露和性别建构的历史阶段特性的同时，又质疑和修正了通常意义上的历史分期观念。事实上，妇女史的研究从一开始就指出，现有历史的阶段性分期，采用的是男性的视角，忽视了女性的重要性。譬如美国妇女史的先驱人物之一琼·凯莉（Joan Kelly），在1976年发表了《女性有文艺复兴吗?》这样一篇影响深远的论文，其中指出将文艺复兴视作近代文化开端的做法，体现了以男性为中心的史学传统。她指出，文艺复兴的确给予男性更多的机会和选择，但同时也限制了女性的活动范围，要求女性从属于男性并强调其守贞的重要性。因此从女性的视角来衡量，文艺复兴并没有开启一个新的历史时期。

在情感史研究兴起之前的著作中，也存在将中世纪和近代相对立的倾向。荷兰文化史家约翰·赫伊津哈的《中世纪的秋天》一书，从情感宣泄的角度考察欧洲中世纪的社会和文化，间接指出那个时代是一个"前理性"的时代，因此自然会走向没落。而德国社会学家诺贝特·埃利亚斯的《文明的进程》一书，也从社会风气变化的角度，指出近代社会的建立与人们对自己情感的控制如何齐头并进，呈现出一个平行演进的过程。这两本著作启发了后人的研究，但它们都主要以男性的活动为考察的视角，突出了作为前近代的中世纪与近代欧洲的二元对立。

情感史和性别史研究的进一步开展，则挑战了原有的历史分期，从女性的角度指出近代社会的建立，并没有给女性带来更多的机会或提升其地位，反而更加强调男女性别之生理和情感的差异，将女性束缚在家里，担任相夫教子、贤妻良母的角色。在质疑传统和近代的对立方面，芭芭拉·罗森宛恩等人的论著值得一提。罗森宛恩提出了"情感共同体"的概念，认为人们的情感流露受制于具体的场景和时空，取决于当事人在某时某刻某地的处境和氛围。从此角度出发，所谓传统社会与近现代社会的区分乃至对立便丧失了原有的参考价值。对此我们可以从两个方面来加以理解：一是"情感共同体"如果在任何时代都存在，那么所谓理性控制、克制情感作为近代性的特征，便显得有些无从谈起；二是对"情感共同体"的分析不再突出情感表达的性别差异，而是注重当事人所在的共同体及其对当事人的影响。前面已经提到，罗森宛恩曾对比研究了15世纪与17世纪英国教徒的宗教信仰和实践。她在文中指出，前者发生在宗教改革之前，后者展现的则是宗教改革之后、作为激进新教徒的清教徒的宗教生活，两者对上帝、教会和赎罪的观念虽有差别，但在情感的表露上颇为相似，都在检讨自己的"罪愆"时涕泪纵横，表现出某种绝望和害怕。因此罗森宛恩总结道："中世纪和近代之间看似泾渭分明，但其实并不见于历史，这是一种史学的建构。"总而言之，情感史和性别史的研究表明，原有的历史分期，突出了情感与理性的对立，并且将之建立在男女性别差异的生理基础之上，由此无视女性的历史作用，宣扬男性中心主义的历史观。

再次，质疑传统文明与近现代社会之间的差别，其实质就是挑战和批评18世纪启蒙运动所认定的历史进步观念。这一历史进步观念的主要基础，便是推崇理性主义的思潮，视其为世界历史上的一个划时代标志。毋庸置疑，启蒙运动所倡导的理性主义，在欧洲历史上确实有着正面的意义。启蒙思想家号召解放思想，充分运用理性思维，不再对天主教会的训导唯命是从，而是倡导实事求是，以科学的态度和手段认识周围的世界，有力地促进了知识的进步、心智的发展。启蒙思想家受到牛顿、伽利略等科学家成果的激励，尝试运用科学思维，探讨人类社会演变的规律。从伏尔泰的《风俗论》、亚当·斯密的《国富论》和马尔萨斯的《人口原理》，到维科的《新科学》与赫尔德、孔多塞和黑格尔的历史哲学思考，都是运用人类理性、科学思维理解和解释人类历史的重要成果，在今天的世界仍然有着深远的影响。

从史学发展的角度考量，理性主义同样也是近代史学形成的重要推动力，其表现之一是给予近代史家高度的自信，使其认为自己身处一个崭新的时代，可以居高临下、从一个新的高度和立场重构以往的历史。巴托尔德·尼布尔（Barthold Georg Niebuhr）和乔治·格罗特（George Grote）在19世纪重写古代罗马史和希腊史，是近代史学诞生的标志之一。而那个时代的利奥波德·冯·兰克在其处女作《拉丁和日耳曼诸民族史》中宣称，他可以摒除政治和道德的目的，"弄清历史事实发生的真相，按照历史的本来面目来书写历史"，更是近代史家在方法论上高度自信的一个体现。这一自信的根源，在于那个时代的学者认定自己能充分运用理性，剔除情感、道德等因素，像科学家从事科学实验一样，不偏不倚、客观中立地研究和书写历史。兰克于是被奉为"近代科学史学"的代表人物。

美国女性史家邦妮·G. 史密斯（Bonnie G. Smith）通过缜密的研究表明，兰克的治史理念可以说是基于理性和情感的某种对立。兰克提倡用档案材料作为历史写作的基础，他在搜寻和发现档案的时候，常常将之比作一个含苞待放的女性，有待他"驾驭"和"征服"。而兰克之所以有这样的心态，无疑是认为自己作为男性，能够熟练运用理性的思维和手段。但如果从情感史的角度考察，兰克对自己研究状况的描述，其实也反映了一种情感——自信乃至自大、骄傲、得意等，而他认定自己能如实直书，排除道德褒贬的传统，其实无异于提倡一种新的道德抑或美德。荷兰史学理论家赫尔曼·保罗（Herman Paul）在最近的一项研究中指出，当时的德国史家讨论如何平衡理性和情感，以求成为一个"健全男性"，而兰克则被奉为一个标杆，与他的弟子海因里希·特莱奇克相比对。而这两位史家虽然被树立为不同的典型，但整个讨论的内容都是为了培养"健全男性"，不但排斥了女性，而且还将之视作对立的一面。换言之，近代史学将理性与情感相对立，其结果是将男性和女性相对立，并把后者弃于一旁，否定了女性作为人类成员的基本权利，违反了理性主义提倡的人人平等的理念。一个简单的道理就在于，如果理性主义盛行的结果是将排斥、贬低女性的观念和行为合理化，那么近代历史的进步性便显得无从着落。

因此，妇女史、性别史和情感史的兴起，可以说是与以兰克史学为代表的近代史学传统形成了一种对立关系。具体言之，近代史家在历史观念上，认为民族国家在近代的兴起及其国际关系代表了世界历史的主流趋向，于是国别史、外交史和政治史的书写成了历史著述的大宗。如果史家以描述开国元勋的业绩为己任，那么民众和女性的作用便常常不受重视。在史学方法上，近代史家主张使用档案材料，而档案材料往往记录的是男性精英人物的言行，同样忽视了女性和普罗大众（庶民阶层）的历史作用。前文已经提到，性别史和情感史直至20世纪末才兴起，而那个时代的史学界正经历后现代主义的洗礼，出现了语言学的转向。不少女性主义的史家，如写作《社会性别：一个有用的历史分析范畴》的琼·斯科特和提倡新文化史的林恩·亨特，往往是后现代主义者的同情者乃至同道者，其原因在于后现代主义理论冲击了上述近代史学的传统，革新了对于历史研究和历史书写之间关系的认知，有利于性别史、情感史、家庭史等新兴流派的兴起。这些史学流派的发展，不但在历史观念上需要突破男性精英主义，而且在史学方法、史料运用上，也主张摆脱档案文献的束缚。

如果性别史和情感史等新兴史学流派意在与近代史学的传统分道扬镳，那么它们对历史研究的现状和未来发展，又产生了什么样的影响呢？这是笔者讨论的第四个也是最后一个问题。林恩·亨特在2014年曾著有《全球时代的史学写作》一书，其中指出近现代历史学迄今为止受到四种理论范式的影响——马克思主义、年鉴学派、现代化理论和身份认同政治理论。这些理论的影响，主要帮助史家认识和解释社会的变迁。用一个比较熟知的说法来形容，那就是侧重历史书写中"宏大叙事"的内容。而亨特指出，历史学在理解和分析"社会"变迁的同时，需要开展对"自我"（self）的认识。她特别提到近年神经科学和生物化学的新发展，让人认知到了"具身的自我"（embodied self），即"自我"的构建同时受到生物和文化的双重影响。回到我们上面提到的女性哭泣多于男性的现象，学者的解释之所以有所不同，其主要原因就是对这个现象，人们无法完全从生物抑或历史的角度做单方面的解释，而是需要将两者结合起来考虑。这样的思考有助于突破和超越欧洲近代哲学的二元论思维，即物质和精神、身体和心智、理性与情感之间，并非界限分明、截然对立，而是你中有我，我中有你。

换言之，性别史和情感史的发展，固然为史家考察社会的变动等"宏大叙事"添加了新的视角，但归根结底，它们其实志不在此，而是希望能开辟崭新的历史研究领域。近年兴起的"深历史"和"神经史"，便是颇具代表性的例子。2019年，马瑞克·塔姆（Marek Tamm）和彼得·伯克（Peter Burke）合编了《史学新路径的争论》一书，情感史研究的新锐罗博·伯迪斯为之撰写了"神经史"一章，而《脑海深处的历史》的作者丹尼尔·斯梅尔（Daniel Lord Smail）对此做了回应。他们两人的立场不尽相同，但都强调人是"生物文化的"（biocultural）产物，即若要理解人的行为，不能单方面考虑其生物属性或文化影响，将所谓"先天"和"后天"的因素对立起来看待。斯梅尔的《脑海深处的历史》一书于2008年出版，他本人也被视为"神经史"的开创者之一。斯梅尔的主要贡献在于采用跨学科的路径研讨人类历史的演变，指出人的心理、行为和情感的构成（即人的脑海深处神经的进化），在旧石器和新石器时代便已初步形成，并在之后的文明发展过程中不断变化。在此基础上，他主张跳出近代史学只注重文明史乃至近代民族国家史的治史框架和手段（如对档案文献的偏重），要求重视史前的历史，提倡宏观的历史观抑或"大历史"的观念。同时他又借用生物社会学、神经生物学、神经生理学和基因学的研究成果，指出人类行为的演进和改变，并非如达尔文主义所言，是对自然环境的适应所致，而是经历了一个生物和文化交互作用的过程。

罗博·伯迪斯曾主编一本有关痛感的情感史专著，有助于说明上述生物和文化交互影响人类行为的现象。他在为《史学新路径的争论》写作"神经史"一章时，也以痛感为例做了说明，因为痛感的形成，虽然可以是身体受伤之故，但更多的是一种心理感受，因为即使每次受伤的方式相同，痛感的程度还是会有差异。更有甚者，其痛楚与身体是否受伤无关，而是由其他因素所致，比如丧亲、失恋、伤感、同情等。感受和表达痛感不但因人而异，而且也有一定的性别差异。一言以蔽之，他认为痛感是一个"生物文化的"现象——两者之间的交互作用才让人感受和表达痛感。

最后，笔者想做一个简单的结论。性别史和情感史在挑战和超越近代史学模式的基础上，将历史研究的重心从社会沿革、国家建构等方面，逐步转移到加深对人本身（身体、情感、心理、生理、性行为等）的认知。这一"由内而外、内外结合的历史学形式"（history from within）一方面看似脱离了历史书写的"宏大叙事"传统主题，放弃了史家的宏大关怀。但从另一方面来看，我们也有充足的理由认为，性别史、情感史及与之相关的身体史、家庭史、儿童史等所探讨的是历史研究中更为根本和关键的问题，因为人类社会的性别构成及其相互关系，贯穿于人类历史的始终；没有人与人及其性别之间的情感、身体的交流和互动，没有家庭的组成、儿女的培育，人类文明的繁衍、演化和发展便是无本之木。同时，人类文明的演进，又与所处的地理环境和自然条件有密切的关系。总之，当代史学在突破和超越近代史学模式的基础上，正在朝上述这些新的方向同时迈进，性别史和情感史的兴起及其相互之间的关联和支撑，不失为其中一个引人瞩目的例子，值得所有历史从业者重视和借鉴。

下 编

方法实践

口述证言能否成为历史证据？
——情感史研究对近现代史学的三大挑战*

　　1944年2月的一天，一些日本军人来了，命令所有17岁以上的女孩列队，让他们检查，然后他们留下了其中16位。她们呼喊、哭泣，但还是被带走了，送入了一家妓院。

　　第二天，日本人命令这些女孩做"慰安妇"。3月1日，（慰安所）开门，日本军官上门了。这些女孩躲在餐厅的桌子底下，但被拉了出来。在军用刺刀的威胁下，她们反抗无用，都被强奸了。

　　之后的每一天，每间房间里都传出了哭喊、抽泣和暴力。我试图将自己的头发剃掉，但还是于事无补。我甚至还被来检查我身体的军医强奸了。3个月之后，我才被释放，坐火车转送去了一个名叫博噶尔的集中营，与我的家人重聚了。[1]

---

*　本文原刊于《社会科学战线》，2020年第5期。

1　秦郁彦：『慰安婦と戦場の性』，東京：新潮社，1999，第217頁。

上述的证言是由一位名叫伊妍・奥赫恩（Jan O. Herne）的荷兰女子在1992年访问日本的时候提供的，讲述的是她在二战期间先是被关进了集中营，然后在集中营的某一天出现了上面描述的一幕：她被日军将士强逼做了"慰安妇"。她的上述证言被收入日本史家秦郁彦所著的《慰安妇和战场上的性》一书。

　　"慰安妇"的研究目前已经成了国际学界关注的一个课题。但其研究的历史并不很长，也就大约三十年而已，而且学界对"慰安妇"这一称呼的理解也有争议。本文所用"慰安妇"打上了引号，是因为日文中的"慰安"原意是"安慰、慰劳"，"慰安妇"由此似乎指的是给人"安慰"的妇人。其实"慰安妇"是服务于日军，让其士兵发泄性欲的妓女。而与一般意义上的妓女不同的是，许多"慰安妇"被强征加入，在为日军服务期间失去了人身自由，也没有获得报酬，所以中文和国际学界大都视"慰安妇"为日军的性奴隶。不过，虽然有这一共识，但大多数论著仍然沿用"慰安妇"这一历史名称来特指这些在二战中服务于日军的女性。[1]

1　举例而言，苏智良为中国学界研究"慰安妇"的领军人物，著有《日军性奴隶：中国"慰安妇"真相》，北京：人民出版社，2000年。但他也指出，"以性奴隶来代指慰安妇则显得过于宽泛，因此……在中文中直接使用'慰安妇'一词，是一种较好的方法"。参见苏智良《慰安妇研究》，上海：上海书店出版社，1999年，第11页。英文讨论"慰安妇"这一名称的可见Chunghee Sarah Soh, "Prostitutes vs. Sex Slaves: The Politics of Representing the 'Comfort Women'," in Margaret D. Stetz & Bonnie B. C. Oh, eds., *Legacies of the Comfort Women of World War II*, Armonk NY: M. E. Sharpe, 2001, pp. 69-87. 英文论著使用"性奴隶"的可见Carmen M. Argibay, "Sexual Slavery and the 'Comfort Women' of World War II," *Berkeley Journal of International Law*, vol. 21, 2003, pp. 375-389; Yuki Tanaka, *Japan's Comfort Women: Sexual Slavery and Prostitution during World War II and the US Occupation*, London: Routledge, 2002; Caroline Norma, *The Japanese Comfort Women and Sexual Slavery during the China and Pacific Wars*, London: Bloomsbury, 2016.

自20世纪80年代末开始，以尹贞玉为首的一些韩国学者发起了对"慰安妇"的研究，其关注点放在寻找过去的"慰安妇"并收集她们的证言上。这一工作并不容易，因为不少过去的"慰安妇"，不愿回忆、直面她们之前所经受的这一羞辱的过去。1991年开始，这一情形有了一个明显的改变。韩国妇女金学顺第一个站了出来，向公众讲述她如何成为"慰安妇"的经历，并向日本政府提起诉讼，寻求赔偿。在她的影响下，韩国和其他国家的"慰安妇"也渐渐勇敢地站了出来，公开回忆了她们在日军的铁蹄下，沦为"慰安妇"的种种悲惨经历。中国的"慰安妇"也不例外。自那个时代以来，一些中国幸存的"慰安妇"也向人们讲述了她们羞耻的过去。2004年，经过了十年左右的调查、采访和整理，日本学者石田米子、内田知行编辑了《发生在黄土村庄里的日军性暴力：大娘们的战争尚未结束》一书，其中收录了中国山西"慰安妇"的十多篇证言。[1]主编石田米子为历史学家，内田知行则是社会学家。中国"慰安妇"研究专家、上海师范大学历史系教授苏智良也收集、整理和出版了不少中国"慰安妇"的证言。苏教授的有些论著是与他的妻子陈丽菲合著的——苏、陈夫妇均为训练有素的历史学家。[2]

　　可是，收集和出版各国"慰安妇"的证言，只是自20世纪90年代以来"慰安妇"研究的一个部分。而且，虽然有上述历史学家为之努力，但也有不少他们的同行对这些证言能否成为确凿的历史研

1　石田米子、内田知行主编：《发生在黄土村庄里的日军性暴力：大娘们的战争尚未结束》，赵金贵译，北京：社会科学文献出版社，2008年。

2　例如，苏智良：《慰安妇研究》; Peipei Qiu, Su Zhiliang & Chen Lifei, *Chinese Comfort Women: Testimonies from Imperial Japan's Sex Slaves*, Oxford: Oxford University Press, 2013。

究证据，持有保留甚至批评的立场。特别有必要指出的是，在那些对"慰安妇"口述证言的真实性持有谨慎态度甚至保留意见的日本史学家中，既有积极倡导"慰安妇"研究的史家如日本学者吉见义明和铃木裕子，也有对"慰安妇"是否被强制沦为性暴力牺牲品持有怀疑态度的秦郁彦，更有那些明显持有右翼立场，竭力否认"慰安妇"制度存在的西尾幹二、藤冈信胜等人。曾任中央大学历史学教授的吉见义明可谓日本"慰安妇"研究的先驱。他在金学顺等人发起对日本政府的诉讼之后，于1993年与人一同成立了日本战争责任资料中心。1995年，吉见义明出版了《从军慰安妇》一书，反响甚大，不断再版，销售高达8万余册。在日本和国际学界，吉见义明的这本书成为"慰安妇"研究的奠基之作。不过吉见义明在书中指出，他希望找到更多相关的日本和外国的"官方资料"（日文"公文书"），因为现在所发现的此类材料只是"冰山一角"。而他主持的日本战争责任资料中心，主要以搜寻日本政府、军队残留的史料为主要任务。显然，吉见义明虽然认可"慰安妇"证言的重要性，但同时又主张这些口述史料是否确凿无误，需要其他史料特别是档案文献的佐证。[1]

　　而对"慰安妇"制度是否为日军所建立持有怀疑态度的秦郁彦引用"慰安妇"的证言，其目的是检验、考核乃至批判她们的回忆是否可以成为历史证据。比如秦郁彦在书中仔细比对了金学顺做过的

---

[1]　吉見義明：『從軍慰安婦』，東京：岩波新書，1995，第9—10頁。此书于2000年出版了英文版，译者提到了该书已经印行了8万余册。Yoshimi Yoshiaki, *Comfort Women: Sexual Slavery in the Japanese Military during World War II*, trans., Suzanne O'Brien, New York: Columbia University Press, 2000, p. 13.

3次证言，列表指出了它们的异同。他在表中标出，金学顺的3次证言有8处不同，有的十分琐细，如金对自己的生年有时具体到月、日，有时则没有。而值得注意的是金成为"慰安妇"之前的生活。金学顺有时说是被母亲卖做"妓生"（朝鲜人对艺伎的称呼），有时又说自己在平壤的妓生学校学了3年。而关于金学顺如何成为"慰安妇"也有细节上的不同：有时说她为养父所卖，有时又说养父被日军怀疑为间谍，她连带受害，被拖进了"慰安所"，失去了自己处女之身等。另外，秦郁彦还指出金学顺的3次证言，都提到了自己"现在的心境"，其中差别比较大。她有时说自己生活乱七八糟，身心俱损，有时则说日本政府不愿道歉，让她心情郁闷，有时又说自己讲述了过去的经历之后，感觉心情好了不少。[1]

的确，口述证言与政府档案相比，自然有明显的差别，首先就是其中的内容是否包含情感的描述。在上面提到的著作中，包括石田米子和内田知行对中国"慰安妇"的取证，其中呈现的证言大都直接、简略，没有太多情感层面的内容。这里的一个可能是，那些"慰安妇"在讲述她们这段过去经历的时候，由于事过境迁，没有加以描述。但还有一个可能是，她们讲了自己的愤恨、羞辱等情感的起伏，但记录者或许视作多余，或者生怕影响事实的陈述而选择没有将之记录下来。由此，上述金学顺对自己"现在的心境"的描述，或许是一个例外。而伊妍·奥赫恩形容在日军的"慰安所"里，"每一天，每间房间

1　秦郁彦：『慰安婦と戦場の性』，第181頁。值得一提的是，秦郁彦强调金学顺对自己的生年，也不是记得太清楚。秦郁彦书的英文版则将金学顺的生年写作1923年，而不是日文版说的1924年。秦郁彦应该看过英文的译本，笔者不知是译者的笔误还是秦郁彦研究的新结论。Hata Ikuhiko, *Comfort Women and Sex in the Battle Zone*, trans., Jason Michael Morgan, Lanham MD: Hamilton Books, 2018, p. 149.

里都传出了哭喊、抽泣和暴力"。这样充满情感的描述出现得虽不太多，但显然与公式化的档案记录相比，证言还是会保留更多情感层面的内容。

口述证言与政府公文记录的第二个差别是，口述证言的确常常出现前后不一致的情形。秦郁彦指出金学顺3次证言有8处不同，就是一例。而其中的第8项，也即她对"现在的心境"的描述，似乎更加明显地表露出不一致的地方。如果细究一下，那么奥赫恩的证言也显得有所不一致。她开始时用第三人称的口吻描述，然后又突然变成第一人称，将自己置于所讲述的内容之内了。

此外，虽然对话者、记录者会有所删选，但口述证言生成之后还是会包含口述者类似"现在的心境"这样的内容，这与政府文献记录产生了明显的不同。易言之，过去的文献记录基本属于过去，这一属性不会变化，而口述证言在过去与现在的关系上，其属性必然有点模糊。因为口述证言是一种回忆、记忆，也即从现在的某一时刻重新讲述、重构过去某一时刻发生的事情，因此证言是过去和现在互动之后的产物，并不单纯属于过去。

如此，本文便回到了标题所提的问题：口述证言能否成为历史证据抑或能否当作可靠的证据？由此出发，笔者希图就当代情感史研究的兴盛而对近代史学传统所提出的挑战，[1]从三个方面进行分析和阐述，借此讨论当代国际史学界出现的与情感史研究相关的一系列新现象、新学派，如何更新和改变了史学观念、史学方法和历史书写。

1　有关情感史研究在当代国际史学界的兴盛，参见本书第三篇文章。

　　　　　　　　　　　下编　方法实践

一、档案文献与近代史学观念

　　上面的讨论已经指出，口述证言与文献资料存在比较明显的不同，而对于史家来说，似乎后者显得更为确实、牢靠。这一对文字记录作为历史证据的偏好，其实反映的是古已有之，但在近代生成、奠定的一种史学观念，抑或文化上的一种偏见。自18世纪以来，世界各地文化产生了比较大的互动和交流之后，不少人士得出了这样一个结论，即以欧洲为代表的西方文明和以中国为核心的东亚文明最具历史意识，因为两者都保留了不少有关过去的文献记录。其他如非洲、南亚次大陆和大洋洲等地的文明，则被视作"没有历史的文明"。而从史学的起源着眼，西方和东亚文明在时间跨度上也相仿。西方的"史学之父"希罗多德（约前484—前425）略晚于中国的孔子（约前551—前479），不过如果将司马迁（约前145—前86）视作中国的"史学之父"，那么希罗多德及另一位古希腊史学的奠基者修昔底德（约前460—前400）则又比司马迁和班固（32—92）早了好几个世纪。但造纸术在汉代的发明，应该对史学和整个文化事业，有着很大的促进作用。史学在汉代已经形成了一种相对繁荣的局面，而在魏晋南北朝期间，虽然政局动荡、经济衰退，但官方的编史馆开始出现，其重要的职能就是搜集、整理文字史料。隋唐统一中国之后，官方修史由此渐渐成了一个既定的传统。唐代的史家能编纂多部史书，显然与前代的文化积存形成了密切的关系。《汉书·艺文志》记载有13269卷书，《隋书·经籍志》则记录了36708卷，而《新唐书·艺文志》则说那时一共积累了53915卷书，其中唐代人士著作有28469卷。这些统计数字可以让我们大致了解文献著录对于中国文明之重要性。受其影响，东亚其他国家也注重文献著录，如日本最早的史书《六国史》，就是唐代文化影响下的产物。

如果汉代可以与西方的罗马帝国相比仿，那么后者的建立虽迟于前者，但延续更长。在汉朝灭亡的3世纪，罗马帝国分为东西两部分。西罗马帝国灭于476年，而东罗马帝国一直延续到1453年。罗马人不但继承了包括古希腊在内的古代文明的遗产，而且借助其国力之强盛，将之发扬光大。罗马史家李维（约前59—后17）和塔西佗（55—120）所撰的史书，都借助了政府收集的材料。这些文献资料主要著录在纸草和羊皮纸上面，后者的工艺不断改进，其保存期比纸更为长久。不过，西罗马帝国的灭亡对欧洲古典文明造成了极大的破坏。然而，长达一千年的欧洲中世纪，其文化并非一团漆黑。基督教的兴盛为文化发展提供了新的契机——修道士中出现了不少博学之士，修道院中则藏有大量的图书。以其数量而言，中世纪欧洲保存的文献，并不亚于古代中国。

自14世纪开始，欧洲出现了文艺复兴运动，其目的是恢复、重振古典文化。文艺复兴的产生，受益于那时意大利几大城市出现的繁盛的商业活动，又与那时印刷术的普及以及拜占庭学者和希腊文本在拜占庭（东罗马）帝国的灭亡之后流向意大利和南欧，产生了很大的关联。前者促成了从写本文化到印刷文化的转变，刺激了对"精确学术"（exact scholarship）的兴趣，而后者则抬高了"文字学"（philology，亦可译作"文献学"）的地位，使之成为鉴定文本真伪的手段。的确，与写本文化相比较，印刷文化无疑更注重文本内容的精确无误, 于是学者采用文字学等方法鉴定文本采用的语言, 确定其生成的年代, 而与之差不多同时出现的博古学 (antiquarianism) 则有助于他们考核、确证文献记载的内容。[1]

与东亚文明相较, 欧洲文明基本没有官方修史的传统, 在政府档案的保存和整理上, 却也源远流长。在文艺复兴之前两个世纪, 欧洲学者、史家就已经开始采用教会和王国的档案资料来写作历史。[2]文艺复兴之后逐渐完善的考订史料的方法, 则让19世纪的史家更为注重使用文献资料, 因为自那时之前不久开始, 各国纷纷建立了国家档案馆, 并开放让史家和其他人士使用。19世纪又见证了历史研究走向职业化的过程。因此, 档案文献的使用与近代史学的建立, 形成了相辅相成的关系, 也造成以此为史料基础写就的史书, 往往是围绕一个民族国家的国别史。德国史家利奥波德·冯·兰克被誉为"近代科学史学之父", 其主要原因就在于他写作了多部民族国家史, 是这一史书体裁的奠基者, 同时他以倡导使用档案文献著称。

兰克及其追随者强调档案文献的重要性, 基于一种史学观念, 即档案文献是一手资料。因为档案所记录的内容, 产生于过去的时刻, 并凝固在那一时刻, 参与者不再有更改的机会, 因此最为珍贵、真实。

1　Peter Burke, *A Social History of Knowledge: From Gutenberg to Diderot*, Cambridge: Polity, 2000; Anthony Grafton, *What Was History? The Art of History in Early Modern Europe*, Cambridge: Cambridge University Press, 2012; 王晴佳、李隆国:《外国史学史》, 第181—191页。

2　Donald R. Kelley, *Foundations of Modern Historical Scholarship: Language, Law and History in the French Renaissance*, New York: Columbia University Press, 1970, pp. 215-240.

如果将之与一个人留下的材料相比仿，那么档案就像是那个人当年写作的日记和书信，存下之后就没有更改。而与之相对照，那个人在事后的采访记忆及晚年写成的回忆录，其生成本身掺入了现在的成分，不是完全来自过去的内容。

在兰克眼里，正是由于采用了纯粹属于过去的档案史料，近代史学才具有了"客观性"和"科学性"。他本人的成名作是1824年写成的《拉丁与日耳曼诸民族史》，此书为他赢得了柏林大学的教职。但此书的重要性不仅在于兰克从民族国家的视角回溯历史，而且还在于他在序言中提出了史家应该"如实直书"的崇高理念。所谓"如实直书"，就是要史家从事实出发，让事实说话，不偏不倚地写作历史。从这一理念出发，兰克在书中加了一个《近代史家批判》的附录，对他之前的历史论著提出了直率的批评。他批评的重点就在于以往的史家，包括马基雅维利这些名家，往往人云亦云，没有充分运用档案这样的史料。兰克在晚年重版《近代史家批判》时指出，他写作《拉丁与日耳曼诸民族史》的时候，"档案资料开始变得丰富完备了，新发现的史料不断涌现"，为人们提供了"新知识"。"我所写的这本书，正处在新知识开始涌现之际，在它出版之后，新知识便源源不断地喷涌而出了。我后来的著作恰恰是因充分占有档案资料而形成的。"他坚信，"资料的丰富并不会阻碍，反而会促进一般的见解，因为我们的理想总是把历史事实公布于世"。[1] 由此可见，兰克将档案史料大致等同于"历史事实"，又把揭橥事实——"如实直书"——视为近代史家的首要任务。

1　利奥波德·冯·兰克：《近代史家批判》，孙立新译，北京：北京大学出版社，2016年，第252页。

　　　　　　　　下编　方法实践

这种在历史研究中对呈现"事实"的高度重视，反映了科学主义在19世纪欧洲的广泛影响。英国史家爱德华·卡尔（Edward Carr）在其影响甚广的《历史是什么？》一书中就写道："19世纪是个尊重事实的伟大时代。"而他指出，当时人对所谓"事实"的定义就是："事实，就像感官印象一样，从外界向观察者袭来，是独立于观察者的意识之外的。"然后，卡尔又引用一位新闻记者斯科特的名言："事实是神圣不可侵犯的，意见却是不受拘束的。"[1]从这些定义来观察史家所用的各种史料，那么档案资料显然最为接近"事实"。它不但是一手史料，而且与其他一手史料相比，掺杂观察者的"意见"最少。于是，自19世纪始，史家采用档案文献写作，成为一种让人尊奉的史学观念。

这种背景，有助于我们理解为什么在当代的"慰安妇"研究中，日本史家比较侧重于政府文献的征引，而对"慰安妇"的口述证言，持有怀疑甚至批判的立场。吉见义明等人对"慰安妇"的初期研究，摆出了"慰安妇"制度为日本军队所设、不少"慰安妇"受此制度奴役的史实，日本政府的各级官员向韩国政府和人民表示了不同程度的道歉。[2]但这些做法也在日本国内引起了右翼人士的不满和反弹。从1995年开始，西尾幹二、藤冈信胜等人成立了"新历史教科书研究会"，陆续写作了所谓"新历史教科书"，淡化或否认日军在二战中的种种暴行。他们认为"慰安妇"就是日本公娼制度的一种形式，其中

1　爱德华·霍烈特·卡尔:《历史是什么?》，吴柱存译，北京: 商务印书馆，1981年，第3—5页。
2　参见吉見義明:『從軍慰安婦』，東京: 岩波新書，1995，第5—9頁。日本政府的道歉以1993年8月4日内阁官房长官河野洋平的谈话最为明确，其中指出日本政府和军队参与了征集"慰安妇"，为此他向受害者表示深切道歉。后人将之简称为"河野谈话"。

并没有强制妇女加入的行为，所以"慰安妇"不是日军性暴力的牺牲品。[1] 秦郁彦的《慰安妇和战场上的性》一书的写作，正是在这样的背景下产生的。在出版此书之前，秦郁彦已经是日本二战史的专家，著述宏富，并曾获奖，有着一定的国际声誉。

作为二战史研究的专家，秦郁彦写作的《慰安妇和战场上的性》不但在篇幅上比吉见义明的《从军慰安妇》长了将近一倍，厚达400多页，而且在资料上显然更为详尽。举例而言，吉见义明采用了"慰安妇"的证言，但基本以概括、重写的形式出现，而秦郁彦则披露了证言的记录原文，显得更加"原汁原味"，表现了一种"让事实说话"的姿态。更值得一提的是，秦郁彦为其书的英文版写了一个后记，其中他发表了一个堪称"兰克式的"声明：在写作此书时，他没有收录"情感化、政治化的论点"，也剔除了"个人的观点和建议"。他认为只有这样才能"不偏不倚地交代事实，让读者读后自己得出解释和结论"。[2]

但细心考察一下秦郁彦《慰安妇和战场上的性》一书的结构，便能看出他的写作有着一个隐含的意图，那就是削弱和降低"慰安

1　参见步平：《慰安妇问题与日本的战争责任认识》，《抗日战争研究》，2000年第2期。英文的相关论著参见 Nicola Henry, "Memory of an Injustice: The 'Comfort Women' and the Legacy of the Tokyo Trial," *Asian Studies Review*, vol. 37, no. 3, 2013, pp. 362–380; C. Sarah Soh, *The Comfort Women: Sexual Violence and Postcolonial Memory in Korea and Japan*, Chicago: University of Chicago Press, 2008; Kumagai Naoko, *The Comfort Women: Historical, Political, Legal and Moral Perspectives*, trans., David Noble, Tokyo: International House of Tokyo, 2016; Maki Kimura, *Unfolding the "Comfort Women" Debates: Modernity, Violence and Women's Voices*, Houndmills: Palgrave Macmillan, 2016。

2　Hata Ikuhiko, *Comfort Women and Sex in the Battle Zone*, trans., Jason Michael Morgan, Lanham MD: Hamilton Books, 2018, p. 344.

妇"证言作为史料的真实性和重要性。他收录的"慰安妇"证言放在了第六章,前面几章交代了有关"慰安妇"的争议、日本公娼制的历史及其在二战中的变化和发展,淡化了日军"慰安妇"制度的特殊性。而在第五章中,他又将读者的视角转移到了西方,描述了近代德国、俄国、英国和美国的军妓,进一步显示"慰安妇"其实就是近代国家都有的军妓而已。秦郁彦在第六章中讨论了"慰安妇"的证言之后,紧接着第七章就以"吉田清治的谎言"为题,揭露了吉田清治这个日本老兵如何说谎,编造"慰安妇"多为良家妇女,然后被日军拐骗、强迫成为"性奴"的故事。他的这一情节安排,显然是为了进一步提醒读者,前一章"慰安妇"证言中也必有"谎言"的成分。

秦郁彦在第六章中,除了指出"慰安妇"证言的不一致,也的确选择了另一个"慰安妇"文玉珠的证言来指出其不确。而他的分析论证,针对的就是那篇证言中包含的羞辱、愤恨等情感层面的内容。继金学顺之后,韩国"慰安妇"文玉珠(1924—1996)也向公众披露了她的经历。但秦郁彦指出文的生活"波澜起伏",她是一个讲故事的高手。虽然调查者力求真实,但她的证言仍然"真假难辨",因为其中内容过于情绪化。文玉珠说她曾经与一个日本兵长发生了口角冲突,因为对方不但持剑威胁,还在言语中羞辱了她。她一怒之下,将身子撞向兵长,抢夺了他的佩剑,然后将其刺死。事后她受到日本军事法庭的审判,但被认作自我防卫而无罪释放了。秦郁彦认为此事不可能属实。对他而言,证言和调查是否杂有情感的因素,是确证其真实性的一个重要标准。比如他在书中指出,战后荷兰官方在听取荷兰"慰安妇"证言,对她们的经历进行调查的时候,对"事实关系冷静处理",远离"愤怒的感情",让他觉得他们的方法"公正",印象深刻。[1]

二、从遗迹到文献——近代史学方法的狭隘化

从以上的论述可以看出,吉见义明和秦郁彦虽然政见不同,对"慰安妇"制度的立场也几乎截然相反,但他们又有一个共同点,那就是认为官方文献比"慰安妇"的证言更为可靠。秦郁彦更是千方百计地在"慰安妇"的证言中寻找漏洞,力求揭露其中不实的内容。他们的这一观念倾向,反映了近代日本史学的传统,而这一传统的形成,既与东亚的文化传承相关,又与西方近代史学的发展密切相连。我们先讨论西方的影响。上一节已经指出,自兰克开始,西方史家特别注重使用档案史料,认为其中包含着比较可靠的历史事实。但西方史学并非铁板一块,而是其中有不同的流派和方法。

兰克本人对档案材料的重视,可以视作19世纪西方史学的一个发展倾向。因为在文艺复兴之后,除了人文主义者对古典文本的兴趣和考证,还有博古学家对古物的收集和鉴定,后者对欧洲史学走向近代、成为一门研究性的学问,具有重大的推动作用。文艺复兴之前,历史学在欧洲附属于修辞学,其学习的目的是为演说家提供过往生动的事例,增强他们演说的说服力。由此缘故,欧洲传统的历史书写,抑或"历史之艺"(Ars Historica),注重的是所举事例的典范和榜样的作用,而对其真实性,也即考订史实不甚重视。但博古学的开展,改变了这一传统。博古学家对修辞的完美没有兴趣,却十分注重

1　秦郁彦:『慰安婦と戰場の性』,第182—184,219—220頁。

古物的真实性，不想为赝品所惑。为此目的，他们需要了解古代的文化和历史，以丰富的历史知识来鉴定、确证古物、古文献的真伪。从这个意义上可以说，博古学的开展有助于欧洲史学的改造，使其在近代演变成为一门学术研究。[1]

由此言之，作为历史书写的史料，可以大致分为实物史料和文献史料两种，档案属于后者，其产生年代也相对晚得多，所以兰克也称其代表了一种"新知识"。换言之，档案文献并不可能是历史研究的全部，而只是其中的一部分。所以在19世纪后期，欧洲史家总结史学方法时，没有特别注重档案资料。德国史家古斯塔夫·德罗伊森（Gustav Droysen）的《历史知识理论》是这方面的先驱著作，其中讨论史料的部分将其分为三大类——"遗迹（Überreste）、纪念物（Denkmäler）和文献（Quellen）"，并显然认为"遗迹"最为重要。但德罗伊森将"通信、账据、各类公文"等"事业往来的文件"也视作"遗迹"的一种。他对"文献"的定义则是"人们对自己时代的认识和记忆的陈述"，其中有可能是"主观的报道"，也有可能是"实际现象的陈述"。[2]但毋庸置疑，德罗伊森没有将政府档案视作首要的史料。

德罗伊森《历史知识理论》之后，在史学方法论上的另一部重要著作是恩斯特·伯伦汉（Ernst Bernheim）的《史学方法论》。像

1　参见Arnaldo Momigliano, *The Classical Foundation of Modern Historiography*, Berkeley: University of California Press, 1990; Peter N. Miller, *History and Its Objects: Antiquarianism and Material Culture since 1500*, Ithaca: Cornell University Press, 2017; 王晴佳：《西方史学如何完成其近代转型？——四个方面的考察》，《北京大学学报》，2016年第4期。

2　Gustav Droysen, *Grundriss der Historik*, Leipzig: Verlag von Veit & Comp., 1882, pp. 14-15. 此处的中文译文主要参考德罗伊森：《历史知识理论》，胡昌智译，北京：北京大学出版社，2006年，第23—24页。

《历史知识理论》一样,《史学方法论》在1889年出版之后不断再版,为德国史学走向职业化提供了一本方法论手册。但比较两书的内容,便可以看出伯伦汉比德罗伊森更为注重文献史料。德罗伊森比兰克略晚,而伯伦汉是他们的学生辈,其博士论文的指导老师是兰克的弟子格奥尔格·魏茨(Georg Waitz)。魏茨的史学成就之一是主持了《德意志史料集成》(*Monumenta Germaniae historica*),其主要目的是搜集中世纪留下的史书(编年史、年纪等)和档案。在他的《史学方法论》中,伯伦汉重新界定了德文"Quellen"的意思,将之看作"史料",而不是德罗伊森所说的"文献",然后将实物遗存(如纪念碑等),也即德罗伊森的"遗迹"归入其内。然后,他说"史料"的第二类是"传承"(Tradition),其中有"视觉的""口述的"和"笔录的"三类。

伯伦汉对史料的重新分类在表面上看与德罗伊森的做法似乎没有太大的区别,还是比较注重实物史料——"遗迹"。其实不然,因为德罗伊森显然不是特别看重"文献",不仅把它放在第三类,而且在讨论了"文献"的性质之后,他写道:"就是最好的文献,提供给研究者的也只是片面的观点。"然后,他简单提了一下,有助于史家研究实物史料和文献史料的学科,即"辅助学科"(Hilfswissenschaften)。[1] 伯伦汉在《史学方法论》中,对这些历史学的"辅助学科"做了详细的介绍。他将"文字学"(Sprachenkunde/Philologie)列于首位,下面是"古文字学"(Schriftkunde/Paläograph)和"古文书学"(Urkundenlehre/Diplomatik)。那些鉴定实物史料的学科,如

---

1 德罗伊森:《历史知识理论》,第24—25页。

　　　　　　　　　　　下编　方法实践

"印鉴学""铭章学"则被置于其后, 显示伯伦汉更为重视文献史料之于历史研究的价值。[1]

我们比较德罗伊森和伯伦汉这两本有关历史研究方法的著作, 是因为它们对日本近代史学的传统造成了不小的影响。1868年日本经过明治维新, 推翻了德川幕府的统治之后, 明治天皇立即下诏令编修史书, 于次年建立了修史馆。这一官修国史的做法, 继承了源自中国唐代的传统。修史馆的馆员大都是熟读经书的博学硕儒, 其中重野安绎不但受到了清代中国考据学的影响, 而且有兴趣了解西方史学。从考据学的传统出发, 重野安绎及其馆员以搜集、考订文献史料作为修史馆初期工作的重点, 而他们对西方史学的兴趣, 又促使其委托日本驻英使馆的外交人员, 帮忙物色西方史家专门为他们写作一部西方史学史。从匈牙利流亡到英国、自学成才的史家乔治·泽尔菲 (George Zerffi) 于是就在1879年用英文完成了《历史科学》 (*The Science of History*) 一书, 介绍了欧洲史学在近代的长足进展。由此缘故, 日本政府又找到了兰克的年轻弟子路德维希·里斯 (Ludwig Riess), 在1887年聘请他为东京大学的历史教授, 为学生讲授"史学方法论"的课程。[2]里斯用英文在东京大学讲授"史学方法论", 其讲义主要参考了上述德罗伊森和伯伦汉的两本著作。比如他像德罗伊森一样, 指出史料由"遗迹"(Relics)、"纪念碑"(Monuments) 和"文献"(Sources) 三类构成, 而他笔下的"遗

1　Ernst Bernheim, *Lehrbuch der Historischen Methode und der Geschichtsphilosophie*, Leipzig: Verlag von Duncker & Homblot, 1908, pp. 252–323.
2　参见格奥尔格·伊格尔斯、王晴佳、苏普里娅·穆赫吉:《全球史学史》, 杨豫、王晴佳译, 北京: 北京大学出版社, 2019年, 第200—210页。

迹"也包括了政府文件、令状、法案、信件和公函等文字史料。在"史料批判"这一章里，里斯则基本参考了伯伦汉一书的相关内容，包括采用伯伦汉的"Quellen"来统称"史料"，并用了较长篇幅讨论如何对文献史料进行考订和核实。[1]

里斯在东京大学教授"史学方法论"的时候，其助教是坪井九马三。坪井受其影响，去欧洲留学数年，辗转求学于德国、捷克和瑞士。里斯回欧洲之后，坪井九马三接替他在东京大学讲授"史学方法论"的课程，其讲义《史学研究法》在19世纪末出版，之后多次再版，影响深远。与里斯一样，坪井的讲义同时受到了德罗伊森和伯伦汉的影响，但在史料分类上更多采用了后者的说法。坪井将史料分成两类：第一类称"遗物"，包括古建筑、人体残骸、言语、制度、风俗、物产、公私文书和包括金石铭刻在内的纪念物；第二类则是"传承"，有视觉的历史图像和口述的神话、传说以及各种历史笔录，如传记、笔记等。更重要的是，虽然坪井指出"历史的材料不能为书类所限"，但他在讲述历史学的辅助学科时，首先就是文字学和古文书学，而没有了伯伦汉收入的"印鉴学""铭章学"等研究实物史料的学科。可见与伯伦汉相比，坪井九马三对史料的运用，更侧重文字的记录。[2]

里斯和坪井九马三对史学方法的论述，在很大程度上形塑了日本近现代史学。但日本史家注重文献材料，也反映了清代学术特别是考据学的影响。自宋代开始，中国传统史家便注重金石文和石刻、碑

1　Ludwig Riess, *Methodology of History*, pp. 46–58, 东京大学图书馆藏。里斯将这一章称作"Criticisms of Sources"，但也附上了德文的名称"Quellenkritik"，所以是明确采用了伯伦汉的说法。
2　坪井九馬三：『史學研究法』，東京：京文社，1926，第62—231頁。

下编　方法实践

刻等实物史料，清代的考据大家如钱大昕等也继承和发扬了这一传统。但清代考据学的大宗，是针对文献记录特别是已有史书的记载，加以考核和确证。钱大昕的《廿二史考异》和王鸣盛的《十七史商榷》都是这方面的代表作。乾隆皇帝下诏编纂《四库全书》，更以鉴别伪书、剔除伪作为主，是一个整理现存图书的大型计划。这一清代学术的潮流在18世纪末传入日本，对日本学术产生了重大影响。比如上面提到的修史馆编修重野安绎，便受其熏陶。后来任教于京都大学的汉学家狩野直喜，也直言日本近代的汉学只是清代考据学的延续。当然，日本近代学者也注意实物史料，如对中国古代甲骨文的兴趣，便是一例，[1] 但其历史书写和编纂，仍以文献史料为主。譬如明治政府成立的修史馆，后来并入东京大学，成为史料编纂所，至今犹存。

战后日本的现代史学受到了马克思主义等左翼思潮的陶染，但在史学方法上，大致延续了20世纪初年建立的传统。由此可见，在"慰安妇"的研究上，吉见义明和秦郁彦等人虽然意见相左，但都注重所谓"公文书"的发现。而日本右翼学者对"慰安妇"和南京大屠杀等日军丑行的抵赖，也往往在史料的细节上做文章，以此来支持其主张。更有甚者，由于这些所谓"历史修正派"（如上面提到的西尾幹二、藤冈信胜等人组织的"新历史教科书研究会"）在史料细节上的纠缠，认为"慰安妇"的证言不可靠，所以日本学校的中学历史教科书在1997年之后，大都已经不用"慰安妇"这一名称了。[2]

---

1 参见王晴佳：《传统与近代的互动与折衷：清代考据学与明治时期日本史学之变迁》，载黄自进、潘光哲主编：《近代中日关系史新论》，台北：稻乡出版社，2017年，第339—388页。
2 Rui Kohihama, "Women's History at the Cutting Edge in Japan," *Women's History Review*, vol. 27, no. 1, 2018, pp. 58–70. 该文在第66—67页提到日本历史教科书不提"慰安妇"。

换言之，日本近现代史学的"文书史料至上主义"的传统，其来有自，显现出日本史家所采之史学方法走向狭隘化的长期过程，影响十分深远。但对之的批评和反省在近年也开始出现，女性主义社会学家上野千鹤子便是其中最受瞩目的一位，"文书史料至上主义"的说法亦由她提出。上野千鹤子为京都大学社会学博士，之后辗转任教了好几所大学，于1993年起在东京大学担任教授，现已荣休。她早年的研究侧重于日本的家庭，其著作享有一定的国际声誉。之后她的兴趣变得更为广泛，从女性主义的视角研究许多相关的问题，著述众多。她对世界学术潮流相当熟稔，为当今日本学界的一位知名人物。[1]

　　作为一个女性主义的学者，上野千鹤子重视"慰安妇"的问题，可谓理所当然。不过她真正涉足史学界，开始于1995年为岩波书店多卷本的《日本通史》写作了《历史学和女性主义》一卷。[2]1997年，她应邀参加日本战争责任资料中心举办的"民族主义和'慰安妇'问题"学术讨论会，与吉见义明展开了争论，指出对方受制于"文书史料中心主义"的窠臼，对于"慰安妇"的证言不够重视，缺乏对其性质的理解，以致无法真正反驳和批判右翼人士在这一问题上的立场。上野对"慰安妇"的研究及其观点，主要见其《民族主义与社会性别》一书，其中第二部分为"'从军慰安妇'的相关问题"，第三部分为"'记忆'的政治学"。[3]

　　上野千鹤子在"民族主义和'慰安妇'问题"学术讨论会上的发

1　上野千鹤子著述众多，其中有关女性主义对当代学术的冲击，参见上野千鹤子：『〈おんな〉の思想：私たちは、あなたを忘れない』，東京：集英社，2013。

2　参见上野千鹤子：「歴史学とフェミニズム：『女性史』を超えす」，『差異の政治学』，東京：岩波書店，2002，第56—89頁。

3　上野千鹤子：『ナショナリズムとジェンダー』，東京：青土社，1998。

言，首先提到她的《"记忆"的政治学》等论文发表之后，如何受到了吉见义明和铃木裕子等史家的批评，指出了其中的一些错误。她的回应是，虽然吉见义明、铃木裕子等人不完全是"实证史家"，但他们与右翼学者的争论主要在于史料细节的层面。然后她说道，自20世纪90年代开始，国际学界受到了后结构主义思潮的冲击，使她觉得有必要重新考察历史学的性质和方法，由此她提出开展"反省的历史学"之必要。而她认为这一"反省"，在史学方法论上主要表现在三个方面：第一是挑战"文书史料中心主义"，第二是挑战历史学的"客观性""中立性"的神话，第三是挑战史家对口述证言的传统观念。

然后，上野千鹤子针对"慰安妇"的口述证言，提出了下面四个方面的重新解读：

> 第一，所谓证人，并不是准确地反复播放相同证言的录音磁带。第二，所谓证言，通常是在口述者和提问者之间的临床性现场，每次都是一次性完成的共同制造的产物。如果提问者变了，证言也会变化。第三，所谓被压抑的记忆或社会的弱者之言（特别是未言之事），首先是被安置在自己想要应和的主流话语的磁场中。因此，为了听到真实的事情（即对口述者来说有真实感），研究者应该正视口述证言中的矛盾或不一致，并将之作为研究的对象。第四，所谓产生口述的现场，特别是在有社会弱者的场合，提问者与被问者之间一定要有共鸣感和信赖感。而法庭必须要求真实的证言，可以视作在一个最具权力的场合对证人的一种压迫行为。原"慰安妇"的口述证言，是通过重新讲述已经成为被密封的过去、不能说的过去抑或被歧视对象的过去，

来试着恢复自己的过去。这是恢复自己的整体性,即赋予生命之意义的证言,绝不是单纯地揭露事实的行为。[1]

三、证言能否成为证据? 记忆如何成为历史?

笔者以为,上野千鹤子对"慰安妇"口述证言的上述解读以及其他相关论述,不但代表了"慰安妇"研究的一种新见,而且是对日本近现代史学传统的一种颠覆。而日本近现代史学传统的形成,又与那时整个世界的史学发展趋向颇为一致,所以上野对这一传统的反省和批判,值得我们深思,并可以此来解读、分析当代史学的走向及其影响。

首先,如同上野千鹤子自己承认的那样,她提出"反省的历史学"之必要,呼应了国际学术界的潮流。的确,20世纪90年代见证了后现代主义、后结构主义思潮的冲击,在史学领域引发了"语言学的转向"。上野认为,这是历史学的一个"范式的转换"(日文为"パラダイム転換"),其主要特征是对传统历史认识论的冲击,重视"话语"(discourse,日文为"言説")背后之世界的多元和复杂,让人看到历史现象背后存在多种的"现实",而不仅仅是一个事实而已。与之相对照,上野指出,近代史学的方法论特征有二:一是认为"所谓历史事实,是以众目所归的统一形态,作为客观的实际存在而存在的";二是将史料分为文献、实物和口述三种,并认定"在文献史料中,公文

1　上野千鹤子的发言题目为"ジェンダー史と歴史学の方法",参见日本の戦争責任資料センター編:『シンポジウム: ナショリズムと"慰安婦"問題』,東京: 青木書店,1998,第21—29頁。

下编　方法实践

比私人文件史料价值高",而"口传和证词要有其他物证和文献史料作为旁证才有可靠性,(所以)与文献史料相比,只有次要的、附属的价值"。[1]

针对上述近代史学方法论,上野指出,其实当代女性史、性别史研究的开展已经让人看到,所谓"事实"并非单一的,而是可以有不同的"事实"。因此,史家的任务不是希求寻找和陈述一个"事实",而是要承认和揭示"现实"(上野用的是英文"reality",日文为"现实"或"リアリティ"),然后看到"慰安妇"证言揭示的就是她们的"现实"。更重要的是,她强调这个"现实"可能因人而异,也即男人的"现实"与女人的"现实"不同,加害者的"现实"又显然异于受害者的"现实"。[2]

上野千鹤子引入"现实"这一概念,并以之取代"事实",值得深入分析。第一,它有助于揭示史实的多样性。她强调过往的历史与现实生活一样,充满了变数和暂时性。如果史家希求在研究和书写中,重建一个恒久的、客观的事实,反而无法全面地反映这一真实的过去。上野选择用英文"reality"(现实)来取代"fact"(事实),是一个有益的尝试。因为前者从词源上说,就是从"real"(真实)发展而来,而"fact"的词源就没有这个"真实"的意思,只是指过去发生的一件事情或存在。由此推论,"慰安妇"的证言虽然有不一致的地方,但反映的是她"真实"的经验,而其他人的说法特别是政府公文,则显然没有这种"真实性"。

---

1 上引上野千鹤子的发言及《"记忆"的政治学》,收入秋山洋子、加纳实纪代主编:《战争与性别:日本视角》,胡澎等译,北京:社会科学文献出版社,2007年,第239页。

2 上野千鹤子:《"记忆"的政治学》,《战争与性别:日本视角》,第236—243页。

举例而言，上面提到的"慰安妇"文玉珠与日本兵长争执后将对方刺死的事件，史家秦郁彦认为不确实。他采访了一些日本宪兵，问他们在当时如果发生"慰安妇"伤害日本兵士的事情，是否会判"慰安妇"无罪。那些宪兵的回答是，这应该是不可能的。秦郁彦便由此认定文玉珠在说谎或夸大其词。但问题是那些被问的宪兵，并没有目睹此事，只是根据自己的常识判断。秦郁彦选择相信这些宪兵，解释道：宪兵都是从日军中选拔出来的杰出之士，因此其证言是"极好的材料"（excellent material）。而上野千鹤子则认为，史料价值的高低，应该以当事人是否有真实的体验为标准。[1]

第二，"现实"这一概念结合了主观与客观、过去与现在、情感与事实。以兰克学派为代表的近代史学，注重档案材料的使用。这些政府的公文、通信、公函看起来"冷冰冰""硬邦邦"的，不带感情色彩，似乎便具有了"客观"的价值，比情感化的证言显得更有价值。但兰克学派只代表了西方史学的一个传统，比他小了几岁的德罗伊森便不同意这种"史料考证式的客观主义"，也即将史家的工作仅仅局限于披露事实性的史料。德罗伊森在《历史知识理论》中指出，史家运用史料进行研究和写作的时候，本身就是"思想"与事实反映的"现象"之间的一个互动过程。他说："历史事实的取得，是因为有一个观念在推动我们。"更重要的是，德罗伊森指出：

1　秦郁彦:『慰安婦と戦場の性』第184頁。秦郁彦对宪兵证言的评论，参见Hata Ikuhiko, *Comfort Women and Sex in the Battle Zone,* trans., Jason Michael Morgan, Lanham MD: Hamilton Books, 2018, p. 344. 有关上野千鹤子将真实的经验视作史料价值的标准，参见上野輝将:「『ポスト構造主義』と歴史学———『従軍慰安婦』問題をめぐる上野千鶴子・吉見義明の論争を素材に」,『日本史研究』no. 509, 2005。

一件历史事实并非某时某刻社会状况直接而真实的显现。该事实是社会状况的遗迹，是我们对它的追忆。它是过去状况及事件反映在人的精神上而留存下来的。它是人的精神的一个产品。但是，因为这件材料从它的外在性质及实际现实状况再提升到我们精神的范围，并且以相称的方式表达出它的精神。我们这样所掌握住的东西，不只是正确（richtig）而已，而且是真的（wahr）。[1]

德罗伊森的观点与上野千鹤子对"现实"的关注，颇有可比之处，似有异曲同工之妙。如此看来，"慰安妇"证言中的前后不一致，恰恰反映了其叙述之"真"，也即上野所指出的那样：所谓证人，并不是可以反复播放、内容一样的录音磁带，因为证言是口述者和提问者之间一次性完成的产物。如果提问、场合变化，那么证言也会变化。而进一步分析的话，那么这些变化常常由情感因素的不同所致。比如秦郁彦书中比较了金学顺的证言，各有不同的"现在的心境"，就是很好的例子。因为无论金学顺在讲述过去的时候，心情仍然闷闷不乐还是有所解脱，都反映了一种在证言录取过程中当时当地的"现实"，无法说一种是真的而另一种是假的。秦郁彦力图指出这些"现在的心境"的不同，来削弱金学顺证言的事实性，反而显得徒劳无功。

当然，从世界范围来看，兰克学派理念在史学发展过程中的影响力显然超过了德罗伊森，而在近现代日本尤其如此。如同上文描述的那样，由路德维希·里斯到坪井九马三，日本近代史学的传统注重

1　德罗伊森：《历史知识理论》，第19、46、56页。

使用文献资料特别是官方档案来搜取历史的事实，而一旦官方文件不存在或找不到，便觉得事实不甚可靠。吉见义明与秦郁彦在"慰安妇"是否为日军强迫征入上有不同的立场，但在史料的态度上趋于一致，即不完全相信"慰安妇"本人带有情绪色彩的证言，而希望有官方文件作为旁证。然而，因为日本战败之前，日军大本营下令销毁文件，这些相关的官方文件留存得相对很少，给史家的研究带来了困难。

问题的关键是，即使官方的文件存在，它们是否就能直接陈述事实，而具有比"慰安妇"证言更高的史料价值，这本身就是值得深思甚至商榷的。如上文所述，上野千鹤子在这个问题上的立场是，史料的价值在于它的产生与事件本身的亲疏关系——"慰安妇"本人对自己是否被强征入伍应该最有发言权，因为她们亲历其事。由此而言，日军官方的记录反而是间接的证据。而且，作为女性主义者，她认为官方文件乃至现有的史书常常只是反映了男人的视角而已，因此没有客观性可言。[1]

除女性史、性别史研究的开展挑战了近代史学的传统之外，近年兴盛的情感史研究也同样在相关问题上提出了不少新见。显而言之，情感史家的研究大多甚至必须采用带有情感内容并因而被人无视的史料。用美国情感史研究的先驱人物芭芭拉·罗森宛恩的话来形容，在情感史兴起之前，史家注重的是所谓"硬邦邦"的"理性"的材料，即使社会史家、文化史家也不例外。[2] 所以，情感史研究的开展，首先

1　上野千鶴子「ジェンダー史と歴史学の方法」，日本の戰爭責任資料センター編：『シンポジウム：ナショナリズムと"慰安婦"問題』，東京：青木書店，1998，第24—25頁。
2　Barbara Rosenwein, "Worrying about Emotions in History," *The American Historical Review*, vol. 107, no. 2 (June 2002), p. 821.

就要挑战这一对待史料的态度。

前面提到威廉·雷迪创造"衔情话语"等术语,用来考察人们用语言来表达情感的不同方式,便是一例。他的研究借鉴了英国语言哲学家约翰·奥斯汀的开创性研究,主要依据奥斯汀身后出版的《如何以言行事?》一书。[1]此书虽然篇幅不长,但影响甚广,因为它仔细分析了语言和行为之间形成的种种不同关系。简单言之,奥斯汀的主要贡献在于,他指出其实语言的使用大都带有某种意图或者愿望,很少有平铺直叙、如实直书的场合。易言之,所谓"陈述"(statement)不是对一个事物的简单描述,只有正确和谬误之分。相反,奥斯汀指出实际情况要复杂得多,因为语言的表述往往与行事相连,也即通过语言来做成某件事。由此,他提出了"施为言语"(performative utterance)的概念。他进一步指出,"施为言语"可以分为三种——"言内"(locutionary)、"言外"(illocutionary)和"言后"(perlocutionary),也即言与行之间形成了不同的联系。奥斯汀的理论对后人的启发在于,它指出许多貌似如实直书的陈述,其实带有言外之意图(illocutionary act),也即有所施为。而对于情感史的研究来说,奥斯汀还指出"施为言语"既有"正确和谬误"(true or false),又有"情感"(emotion)。[2]如此言之,那么带有情感内容的表述其实是语言使用的常态,只是有时比较隐蔽、含蓄而已。

还需要一提的是,"施为言语"中的英语"performative"是动

1　William Reddy, *The Navigation of Feeling: A Framework for the History of Emotions*; William Reddy, *The Making of Romantic Love: Longing and Sexuality in Europe, South Asia and Japan, 900 – 1200 CE*.

2　J. L. Austin, *How to Do Things with Words?*, Oxford: Clarendon Press, 1962.

词"perform"的形容词,而"perform"一般被理解为"表演""做"或"执行"等行为。"表演""执行"和"施为"等行动,既有行动者本人又有其行动的对象(例如,表演时的观众和听众、作者、史家著书立说所面对的读者等),这些行动将主观与客观合成了一体,两者之间无法决然分开。因此,奥斯汀使用这个词有在哲学层面上打破了主、客观界限,走出了形而上学传统思维的意图。不但是情感史的研究,而且在其他史学领域,有些学者指出当今学术界已经出现了一个"施为转向"(performative turn),也即史家研究、写作历史不是主观对客观的认知、陈述和分析,而是主、客观之间相互作用,并时刻互动、交流的产物。[1]

一言以蔽之,通过采用、解读奥斯汀的语言学理论,当代史家特别是情感史的研究者看到,史料记录中其实并无"硬"和"软"、事实陈述与情感描述之间的决然区分,更不应以史料内容是否有情感的渗入而贬低其价值,然后将公文凌驾于证言之上。毫无疑问,发布的公文,虽然在语言的使用上似乎不偏不倚、不痛不痒,其实也是为了"执行"和"施为",在言与行的关系上与证言具有同样的性质。

第三,上野千鹤子强调史学研究应该展现"现实"而不仅仅陈述"事实",还涉及一个关键的问题,那就是史家在研究中是否可以具有道德立场。兰克通过强调史家著书需要"如实直书",被奉为"近代科学史学之父",正是因为在当时人的眼里,兰克将道德立场从历史书写中抽离了出来。1824年兰克写作《拉丁与日耳曼诸民族史》时,

---

1 Rosenwein & Cristiani, *What Is the History of Emotions?*, pp. 45–59; Herman Paul, "Performing History: How Historical Scholarship is Shaped by Epistemic Virtues," *History and Theory*, Vol. 50, No. 1 (Feb. 2011), pp. 1–19.

下编　方法实践

不但附有《近代史家批判》，而且在其导言中说："人们一向认为历史学的职能在于借鉴往史，用以教育当代，嘉惠未来。本书并不企求达到如此崇高的目的，它只不过是要弄清历史事实发生的真相，如实直书而已。"[1]兰克为了展现其"客观"的立场，身体力行地使用档案史料，但如此则大大限制了史家的视野和史书的内容。显而易见，档案中所记录的史实，只是以往历史的一个或数个侧面而已，远非完整的和全面的。现代女性史等学派的兴起和史家"眼光朝下"的兴趣，则有助于当代读者看到历史过程中的另一半（毛泽东所称之"半边天"）和另一面（与国家相对的社会或下层民众）。

所谓"道德的"立场，其实是指在考察历史变动、演进时，有没有发现或需不需要呈现一个对和错的问题。从现在的角度来看，兰克指出历史书写应该"如实直书"，然后用档案史料来建构这一"直书"，其实也展示了一种道德的立场。因为兰克本人视民族国家的兴起为近代历史的发展主线，所以将眼光锁定在这一演化过程。这就是说，兰克认为这样的做法是对的，同时也是真的，于是他如此坚持，直到晚年才另起炉灶，试着写作一部世界史。同样，女性史家注重妇女、社会史家看重社会的底层，也反映了他们道德的立场，因为他们认为这些方面不仅值得，而且应该成为历史书写的对象，如此这般的历史学才是对的（所以上面奥斯汀指出真、假与对、错无法分离，颇具启发性）。在"慰安妇"的问题上，上野千鹤子强调历史本身是多元、多样的，而她想重建的是在历史叙述中被强制"沉默"的和被"封印"的过

1　转引自郭圣铭：《西方史学史概要》，上海：上海人民出版社，1983年，第156页。译文略有改动。

去，也就是要站在"慰安妇"的立场上重构这段"她们的历史"。[1] 于是她质问道，如果在"慰安妇"是否被强行抓走的问题上，只看重有无相关公文的存在，"只要不存在公文就不能证明'事实'，这不是'统治者'的立场认同又是什么"？[2] 与上述做法针锋相对，她希望让"慰安妇"讲出自己"被密封的过去、不能说的过去抑或被歧视对象的过去，来试着恢复自己的过去；这是恢复自己的整体性，即赋予生命之意义的证言"。[3] 上野千鹤子在这里的道德立场，显现无疑，那就是只有纠正这段历史，才是对的做法。

与上野千鹤子鲜明的立场声明相对比，秦郁彦表面上坚持了"如实直书"的史学方法，尽量披露文献记录的"事实"，似乎没有明显的个人立场，但如同上面分析的那样，他的《慰安妇和战场上的性》一书从章节安排到具体内容，其实都反映了他选择站在"慰安妇"的对立面，因为他首先看重的是官方文件的有无。而在没有直接的官方文件的情况下，他又选择听取日本宪兵或其他官方或半官方人士的证词，然后来质疑"慰安妇"证言的史料价值。最后，秦郁彦反驳了吉见义明等人的观点，指出"慰安妇"与日本近代的公娼制，形成了一种延续的关系，而且在募集"慰安妇"人员的过程中，并没有"强制带走"（日文为"强制连行"）的现象，因为没有史料来佐证"慰安妇"的证言。[4] 从秦郁彦的例子可以看出，如果忠实实践"兰克式"的史学，那么其道德立场便会与官方保持一致，而不会站在受害者和非官方的

1　上野千鶴子：『ナショナリズムとジェンダー』，第144頁。

2　上野千鶴子：《"记忆"的政治学》，《战争与性别：日本视角》，第240页。

3　上野千鶴子：「ジェンダー史と歴史学の方法」，『シンポジウム：ナショナリズムと"慰安婦"問題』，第21—29頁。

4　秦郁彦：『慰安婦と戰場の性』，第357—381頁。

下编　方法实践

一面，所以兰克史学远非不偏不倚、客观中立。其次，笔者想指出的是，对"慰安妇"证言的研究与当代的记忆研究，紧密相关，可以说是这一新兴领域的一个组成部分。其中所展示的对近代史学在观念、方法和书写上的挑战，远非孤例。自20世纪70年代以来，欧美学界对希特勒屠犹的研究及其对幸存者的口述访谈，年鉴学派雅克·勒高夫（Jacques Le Goff）等史家推动的记忆研究，[1] 已经促使不少学者反思史学与记忆的关系，特别是历史研究与史料使用之间的关系问题。不少学者已经指出，口述证言必然会有相互矛盾、说法不一的特点，从而展现了过去的多样、多面。由此缘故，有的学者认为记忆与史学（至少在传统意义上的史学）存在着一种内在的张力。因为历史学的宗旨是在搜集、整理和综合各种史料的基础上，写出一种一以贯之的历史叙述，而记忆研究的目的是质疑这种同质性、一致性和连贯性，让人看到人类过去的复杂多变。在这一方面，欧美学者对希特勒屠犹的研究，特别值得借鉴。其研究成果与本文提到的上野千鹤子的论点，亦有可比之处。简单而言，屠犹研究成为学界关注的一个焦点，大约是在20世纪70年代之后。屠犹幸存者逐渐凋零，使得学界人士关注他们的惨痛经历，希望对之尽力有所保存。但在采访、收集和整理这些记忆的时候，学者们也很快发现这些幸存者的记忆、证言与近现代史学的研究传统，不尽吻合，甚至相互抵牾。1991年，美国学者劳伦斯·兰格（Lawrence L. Langer）出版了得奖著作《屠犹的证言：记忆的废墟》，明确指出在屠犹的研究上，近现代史学有一重大疏失，那就是只注意施暴者而忽视了受害者。兰格批评道，由传统

1　参见勒高夫等：《新史学》，姚蒙编译，上海：上海译文出版社，1989年。

的历史叙述方式写成的屠犹史，其受害者不是"烈士"就是"英雄"，但这种做法其实低估和轻视了幸存者证言的多重性和复杂性。易言之，处理屠犹幸存者的证言，将其纳入历史叙述，史家不能沿袭"宏大叙事"的方式，而需要重新审视证言抑或记忆如何成为多样的"历史"（此处的"历史"是复数的——histories），防止证言成为"记忆的废墟"，最终被弃置一旁。自此之后，屠犹研究的学者进一步深入讨论了记忆研究与历史研究之间的张力和矛盾。[1]

总之，证言能否成为证据、记忆如何成为历史，已经成为当今学界持续、激烈争论的一个问题。史学界人士对之仍然持有不同的立场，但这一争论本身，已经对近现代史学产生了根本性的挑战。[2]而本文通过"慰安妇"研究这一实例，意在具体展示女性史、情感史、记忆研究等新兴流派的崛起，如何在史学观念（什么是历史事实？）、史学方法（如何检验史料的价值？）和历史书写（史家是否应该持有道德立场、历史叙述是否需要连贯一致？）这三个层面上，呈现了当代国际史学界（特别是亚洲学界）出现的崭新变化，值得中文（史）学界关注并参与。

（感谢在本文写作过程中提供各种帮助的刘世龙、吕和应、屠含章、张一博、杨晶晶和杨力。）

---

1 Lawrence L. Langer, *Holocaust Testimonies: The Ruins of Memory,* New Haven: Yale University Press, 1991; Tom Lawson, *Debateson the Holocaust*, Manchester: University of Manchester Press, 2010, pp. 270–304.

2 Cubitt, *History and Memory*, Manchester: University of Manchester Press, 2007, pp. 26–65; Tom Lawson, *Debates on the Holocaust*, Manchester: University of Manchester Press, 2010, pp. 270–304.

如何开展情感史研究的实践？
——以日本情感史发展为例的讨论*

情感能否成为历史研究的对象，抑或情感有没有历史性的问题，曾经是提倡情感史研究的学者首先需要关心和面对的问题。近二十年来情感史研究在世界遍地开花、蓬勃发展的结果，已经让人看到，情感像其他历史现象一样，同时具有共性和个性，抑或普遍性和特殊性。以前者——情感的共性或普遍性——而言，那就是情感跨越时空，普遍存在于人类社会，由此今人可以理解和解释古人的情感，这是历史研究和书写的一个重要前提。同时，情感又具有个性或特殊性，那就是情感不但会随着时间的变化而变化，而且情感也会呈现其空间性——情感在不同文化中的表现和表达，在形式上有可能带上不同的特点、特征。

情感所具有的这两个属性，使其成为历史研究的对象，因为细想一下，现今几乎所有的历史研究所面对的对象，都可以与之相比仿。

---

* 本文原刊于《学术月刊》，2023 年第 6 期，发表时题为"情感史研究的跨学科实践——以日本情感史发展为例的讨论"，系与杨力合著。

1985年，美国历史地理学家大卫·洛温塔尔（David Lowenthal）借用英国小说家 L. P. 哈特莱（Hartley）的名言，将其著作题为"过去是异邦"，便是一例。"过去是异邦"这句话，明确展现了历史研究对象的两重属性。作为"异邦"的过去，自然是有点陌生的，表现出过去的特殊性或历史性，但它同时又是似曾相识的，因此具有一定的可比性。这一可比性的基点就是普遍性，也即过去和现在、古人和今人尽管不同，但相互之间又有不少联系，允许今人的造访、流连和释读。顺便提一下，洛温塔尔写作了此书之后，成为"遗产"（heritage）研究的首创者，而无论是物质遗产还是精神、文化遗产，均有我们上面讨论的双重属性。我们保存、欣赏古迹、古物和古代文化，因为它们给我们同时带来了陌生和相似、疏离和亲近之感。

　　上面的开场白，似乎有点冗长，但其实是我们对本文标题和内容一个说明。写作本文是想展现情感史研究的一些实例，以期引发进一步的思考，这些思考一定会具有某种普遍性。但我们所举的例子，又以来自东邻日本的为主，因此自然会带有其学术研究的特殊性。我们希望本文所呈现的情感研究的共性和个性，能有助于促进读者探究情感史研究的方法和实践，更好地达到他山之石，可以攻玉，推动中国情感史研究的目的。

一、日本史学的特点与感觉史、情感史的受容

　　首先，我们需要略微回顾一下日本近代史学的演化，也即日本史学传统的特殊性。日本自19世纪中叶被迫开埠之后，经历了明治维新。"维新"两字，取自"周虽旧邦，其命维新"，表达了旧瓶装新酒的

企图。那段时期日本历史的发展，也明确体现了这一特征。明治政府的成立，名义上是"王政复古"，让天皇复位，但明治天皇即位时年仅15岁，大权实际上也自然掌握在一群所谓维新"志士"手中。明治日本的史学，同样具有相似的特征。明治政府成立的次年，便成立了修史馆，其目的是效仿唐朝以来官修史书的传统，为前朝编就一部"正史"，取代之前德川幕府时代编纂的《大日本史》。而依照唐代修史的传统，修史馆第一步的工作需要收集、整理和考订史料，编纂实录和国史。在进行这一步骤的过程中，修史馆的副编修重野安绎和曾跟随明治政府"五大臣"组成的"岩仓使节团"出访欧、美、亚的久米邦武，发现收集和考订史料的标准，无法再遵循传统的道德和修辞的标准，而必须对之有所更新和革新。由此缘故，他们注意到德国兰克学派重视批判史料的做法，通过日本驻英的使馆，聘请了兰克的再传弟子路德维希·里斯于1887年到日本任教。与里斯的紧密合作，促使日本官方史家重野安绎、久米邦武等人加盟东京大学，变成了职业史家。他们共同成立了日本历史学会，并于1889年编辑出版了《史学杂志》，推动了日本史学的近代化。史馆修史的"旧瓶"，摇身一变成了"新酒"。[1]

　　同时，如日本二战后的左翼史家家永三郎所强调的那样，日本史学的近代化，还有另一条重要的路线，那就是自福泽谕吉首创"文明

1　此处内容详见王晴佳：《融汇与互动：比较史学的新视野》，北京：北京大学出版社，2022年，第446—452，480—486页。重野安绎等人对传统史学的不满，除了针对《大日本史》之外，还有《太平记》这类兼具文学性的作品。参见贾菁菁：《坪井九马三与日本近代实证史学》，《学术研究》，2021年第8期，第133—135页。重野安绎对兰克史学的兴趣及其与之互动，则可见沼田次郎：「明治初期における西洋史の輸入について：重野安繹とG.G. Zerffi；The Science of History」，伊东多三郎编：『國民生活史研究3：生活と學問教育』，東京：吉川弘文館，1963年，第400—426頁。

史"开启的业余史学或新闻史家的路径。福泽谕吉是幕末明初闻名遐迩的"西化"人物，提倡"文明开化"，写作了《文明论之概略》《劝学篇》等畅销的论著。他的主要追求是开启民智，希望日本史学走出"君史"的传统，为社会和民众写史。他的追随者田口卯吉写作了《日本开化小史》，实践了福泽从文化角度重新展现日本历史的意图。此外，田口还主编了《史海》这样的通俗历史杂志。福泽和田口之后，这一传统由山路爱山、竹越与三郎和德富苏峰所继承和发展，更为注重写作"民史"。他们的历史论著，大多发表在德富苏峰所编辑的《国民之友》刊物上。他们作为"民友社"史家，提倡"平民主义"的历史观，其实践则被称为"民间史学"（日语的"民间"意谓"平民"）。进入20世纪之后，日本经历了明治到大正时代的过渡，而这一传承在大正时代的发展，则以柳田国男倡导的民俗学研究为代表。柳田认为近代以来的历史书写，为政治史所笼罩，其史学方法又侧重于官方文献，轻视甚或忽视了普通民众的生活。更有意思的是，与法国年鉴学派同时甚至比其更早，柳田主张将历史书写的重心从近代转到前近代，为日本的中世社会写史。像他的前任们一样，柳田国男并非职业历史学家，具有"民间"的身份，但他所继承和发扬的传统，则代表了日本近代史学的一个重要侧面，在二战之后演化而成"民众史"的流派，影响十分深远，体现了日本近现代史学乃至日本学术传统的个性或特殊性，亦受到国际学界的关注。[1]

1　家永三郎:「日本近代史学の成立」,『日本の近代史学』, 東京: 日本評論新社, 1957, 第67—91頁; Peter Duus, "Whig History, Japanese Style: The Min'yūsha Historians and the Meiji Restoration," *The Journal of Asian Studies*, vol. 33, no. 3 (May 1974), pp. 415-436; 永原庆二:《20世纪日本历史学》, 王新生等译, 北京: 北京大学出版社, 第23—26, 51—53页。

二战之后，上述传统有了一个明显的变化，那就是"民众史"的研究者、同情者或支持者，大多在高校任职，成了专业人士。但值得注意的是，他们虽然从事历史研究，但并不都是历史学教授。他们的角色更像"公共知识分子"，关注历史书写与社会大众之间的积极互动。在战后日本学界，马克思主义的影响一度十分深远。"民众史"的人物与马克思主义史学之间，颇多交流和互动。网野善彦就是一例。他在东京大学受到史学训练，其间追随战后日本马克思主义史家石母田正，毕业之后曾在日本常民文化研究所工作。网野之后虽然脱离了马克思主义运动，先后在名古屋大学和神奈川大学教授历史，但其研究仍然注重下层社会，其研究手段则发扬了柳田国男的民俗学研究。网野的研究试图展现日本中世社会的多重侧面，特别注意所谓的"非农业民"，也即那些很难纳入一般社会阶层的人士，如游民、巫女、舞伎等。[1]若从西方史学史，特别是西方情感史的发展角度来看，他对日本中世社会和文化的描述，与荷兰史家约翰·赫伊津哈对欧洲中世纪的研究，有一些可比之处。他们的学术兴趣，融合了社会史和文化史，而其历史叙述，则侧重于感性的层面。

如果说柳田国男的史观，与法国年鉴学派有一些暗合之处，那么网野善彦那一代的日本史家则与之产生了更直接的互动。阿兰·科尔班（Alain Corbin）是年鉴学派的第三代史家，不但著作多产而且题材广泛。而他主要的兴趣是延续年鉴学派第一代史家吕西安·费弗尔对"心性"或"精神"（mentalités）的重视，侧重从感性、感觉

1　参见Carole Gluck, "The People in History: Recent Trends in Japanese Historiography," *The Journal of Asian Studies*, vol. 38, no. 1 (Nov. 1978), pp. 25–50; 永原庆二：《20世纪日本历史学》，第180—185页。

和身体的角度重构近现代史。费弗尔一般被认作情感史研究的首倡者。科尔班落实和发扬了费弗尔的想法，是法国情感史研究的一位重要人物。也许他的著述内容有点过于宽泛，因此一般回顾西方情感史的论著中，往往对他的贡献有所忽略。[1] 但其实科尔班在日本史学界影响甚巨，他本人也与日本史家互动频繁。譬如他在 2001 年与日本的网野善彦、河野信子及法国史家乔治·杜比（Georges Duby）和米歇尔·佩罗（Michelle Perrot）等人共同编著了《历史上的性别》一书。[2] 科尔班的著作出版之后，往往很快就有了日文版，而他著作的英文版则常常瞠乎其后，甚至付之阙如。

情感史（history of emotions）在日文中一般被称作"感情史"，而科尔班的研究在日文中则多以"感觉史""感性史"来表述，相对应的是"history of senses"或"history of sensibility"。我们可以列举一些他的著作，以便更好地理解这些名词所指称的内容，了解它们之间的差别和关联。科尔班最早的著作是一部地方史，体现了年鉴学派的传承，特别是费弗尔的影响。而之后他的兴趣便转移到与妇女史、感觉史、情感史相关的方面，所写的著作均有诱人的书名。1978 年，他写了《烟花女子：19 世纪法国性苦难与卖淫史》（*Les filles de noce: Misène sexuelle et prostitution au xixe siècle*，日文译为《娼妇》），使他成为法国妇女史的开创者之一。1982 年，他

1　如 Barbara Rosenwein, "Worrying about Emotions in History," *The American Historical Review,* vol. 107, no. 3 (June 2002), pp. 821–845. 另外，扬·普兰佩尔对情感史的回顾，也只是在一处提了一下科尔班的一部作品，参见 Jan Plamper, *The History of Emotions: An Introduction*, p. 72.

2　此书应该是佩罗和杜比两人于 1991 年在法国主编的《西方妇女史》（*Histoire des femmes on Occident*）的扩充版，题为"歴史の中のジェンダー"，日本的出版社是藤原书店。

出版了《恶臭与芬芳：气味与法国的社会想象》（*Le Miasme et la jonquille*，直译是《瘴气和水仙》），几年后就有了日文版并再版。之后，科尔班写的与感觉和身体相关的著作，都很快被译成了日文，如《时间、欲望、恐惧》《飘渺的领地：西方对海滩的向往，1750—1840》及他与人合编的三卷本《感情的历史》和三卷本《身体的历史》，后者也有了中文版。[1]

1998年是日本的法国文化年，阿兰·科尔班应邀在1月访问日本，与诗人吉增刚造和人类学家宫田登进行了三人对谈，就"感性的历史"交流看法。让诗人和民俗学者与科尔班对话，显然延续了上述日本学界的特色，也即希图使人们对历史的认识，走出学院派的框架。诗人吉增刚造首先用诗意的笔调，结合日本工业化社会的情景，描述了他读了科尔班《恶臭与芬芳》和《飘渺的领地》的感受。宫田登则回顾了日本民俗学和民众史发展的历史，谈到了他们的做法与法国年鉴学派的异同，特别比较了柳田国男和科尔班著述的相似关怀，也就是从感性的层面重现历史。科尔班的发言以"必须对历史的表象做系统分析"为题，对两人的发言做了回应。他首先恭维了吉增刚造的诗歌，谈到自己对日本诗歌表现力的欣赏，然后他指出诗歌并非完全出于想象，与事实简单对立，而是夹杂了事实的成分，因此是研究和展现"表象的历史"和"感觉的世界"的重要史料。科尔班接着说道，年鉴学派经历了不同的发展阶段，既有强调使用计量方法、研究"系列史"的一面，也有研究"心性""精神"的一面，而后者的研

1　日文译本所采的书名略有不同，如《恶臭与芬芳》被译作『においの歴史：嗅覺と社会想像力』，《时间、欲望、恐惧》则是『時間、慾望、恐怖：歴史學と感覺の人類學』，《飘渺的领地》直译成『浜辺の誕生：海と人間の系譜学』。

究首先就要考察大众心理的变化，将爱恨情仇也纳入研究的对象。因此年鉴学派的研究已经走向多元化，具有民俗历史学的面向了。[1]

上述对谈，似乎没有讨论"感性的历史"的具体内容，但有助于我们了解其关注对象之新颖。以他们三人讨论的中心——科尔班的《恶臭与芬芳》和《飘渺的领地》两书为例，两者均试图从感觉、感性的层面，即所谓历史的表象，来展现和分析内含的社会、历史变化。《恶臭与芬芳》一书描述的是18—19世纪法国人对臭味与日俱增的厌恶、规避和管控，反映了现代社会的压迫性。而《飘渺的领地》描述了同一时期法国人对海滩的向往，反映的是工业化、城市化之后现代人社会、文化心理的变化。科尔班指出，在这之前，人们对大海的广袤无际、神秘莫测有着一种害怕、不安的感觉，但到了现代社会，上班族往往对去海滩度假趋之若鹜，将之视为探索、享受不同生活的所在。因此，嗅觉和对海的感觉这些表象层面的变化，被科尔班用来探究和揭示历史的深层变化。

二、历史书写的情感、感情视角

科尔班的著作之所以在日本史学界产生影响，是因为他的治史取径与日本近现代社会和历史的发展，产生了比较密切的互动关系。与早期年鉴学派的学者不同，科尔班注重研究的是法国近现代的历史。日本的现代化自然晚于法国和西欧，但在20世纪上半叶，也同样

1　アラン・コルバン、吉増剛造、宮田登：「『鼎談』: 感性の歴史をめぐーて」,『環: 歴史、環境、文明』, no. 1（Spring 2000）, 第210—223頁。有关科尔班与日本史学界的互动，可见赤坂憲雄：『民俗学と歴史学: 網野善彦、アラン・コルバンの対話』,東京: 藤原書店,2007。

有了长足的进步，由此日本也出现了与欧洲社会互可比拟的变化，也即工业化、城市化的蓬勃发展及其所带来的各方面效应。如上所述，日本在那个阶段还经历了从明治到大正皇权的更替。明治天皇统治日本四十余年，前二十年日本全盘西化，到了19世纪末则开始向东方回转，其目的是挑战清朝中国。甲午战争之后，日本崛起成了东亚的霸主，而十年后又在日俄战争中获胜，因此明治日本的历史，代表了竭力进取、对外扩张的所谓"明治的精神"。大正天皇于1912年继位之后，身体欠佳，而创建明治政府的第一代日本政治家（尊称为"元老"）也逐渐凋零，因此中央政府的集权控制相对松弛。同时，得益于第一次世界大战期间和之后英法等国走向弱势而提供的机会，大正日本的经济发展，则颇为迅速可观。一战之后苏联的崛起和第三国际的建立，又推进了左翼社会主义思潮抑或国际共产主义运动的兴起。日本共产党在1922年成立，便是一个标志。日本经济快速发展所带来的贫富分化、劳工问题和城市贫困等问题，为社会改革和进步的思潮的孕育和发展提供了温床，而日本政界"元老"的退出，也让新兴的政党领袖关注乃至支持这些社会活动，以求获取、换取选民的支持。总之，大正治下的日本有"大正民主"之称，是日本现代史上的一个重要转型期。经历这段时期错综复杂、变动不居的国际、国内情势，日本人的精神和感官世界，与明治时期的相对单一相比，显得多重、多元、多变和多彩。

　　早在与阿兰·科尔班交谈二十年前的1979年，日本筑波大学五位来自不同学科的学者（包括上面提到的与科尔班对谈的宫田登）出版了《大正感情史》一书，企图从情感、感官的层面，捕捉大正日本与明治日本社会、文化和历史的明显不同。他们在序章开宗明义地指出，如果"明治的精神"概括了19世纪下半叶日本历史的特征，那么"大正的感情"则是20世纪上半叶日本历史的写照。这一序章题为"大正的经验"，之后的各章分别题为"大正的忧郁""大正的感伤""大正的浪漫""大正的质感"和"大正的活力"。该书的作者之一嶋田厚在"大正的经验"中指出，大正天皇的父亲明治天皇统治了日本四十五年，他的儿子昭和天皇统治了逾半个世纪。而大正只有短短十五年，可以说是明治和昭和之间的"谷地"（日文"谷間"）。虽然时间短，但大正作为一个时代，对日本的经济、产业、文化和思想的影响，十分持久和广泛，有"大正五十年"之称。嶋田厚用日本作家夏目漱石、森欧外的作品描述当时日本人的复杂心境，也提到了由于新闻媒体蓬勃发展，社会与政治之间形成前所未有的密切互动。总之，大正日本的社会文化，变化莫测，犹如梦幻，极具特色。[1]

由于篇幅所限，本文对该书的内容，只能做一点十分简略的介绍。"大正的忧郁"以小说家有岛武郎为中心，讨论当时左翼倾向的知识界人士如何表达对资本主义的不满，试图寻找不同的出路，但又无能为力。"大正的感伤"围绕的是大正时期多产并有代表性的散文家吉田弦二郎的事迹，指出吉田和其他人的现实主义作品，如何反映了当时社会和思想的转变、转换。吉田本人从早期皈依基督教到最后放弃信仰，就是一例。"大正的浪漫"和"大正的质感"通过日本动画片、电影制作的初期发展和绘画艺术的演化，揭示当时的日本艺术界如何在吸收西方文化的同时，希求创建富有日本自身特色的成果。

---

1 嶋田厚、野田茂徳、田代慶一郎、飯沢耕太郎、宮田登：『大正感情史』，桜村：倫理思想研究会，1979，第7—24頁。

这两章的主人公是谷崎润一郎和野岛康三，前者是曾被多次提名诺贝尔奖的著名作家，后者是那时活跃的摄影家，以首创裸体摄影而知名。由宫田登执笔的最后一章"大正的活力"，笔锋一转，写的是那时政治、经济发展给庶民生活带来的种种变化，包括日本妇女开始走向社会的状况。在该书的结尾谢词部分，作者们略带谦虚地说道，他们以"大正感情史"为题，可能让人有挂羊头卖狗肉之嫌，但他们的野心是从表面的社会现象入手，发现和探究大正日本的内核，试图显示那个时期"蔽而不彰却共有的深层经验"。[1]

依笔者管见，由筑波大学这几位学者在1979年写作的《大正感情史》，可以说是日本情感史研究的先驱作品之一。但如上所述，他们的取径并非无源之水，而是与明治中期以来的日本学术发展的特殊性密切相关，也即职业史家并未在历史书写领域独霸天下。这一现象直至今天仍然踪迹尚存。2000年由岩波书店出版的多卷本《近代日本文化史》或许可以作为一个例子，因为该书虽然出版于二十年前，但编者、作者都基本在世。具体言之，此书由六位学者担任主编，分别是小森阳一、酒井直树、岛薗进、千野香织、成田龙一、吉见俊哉。其中成田龙一是当代日本史学史领域的祭酒，千野香织是知名日本艺术史家，而小森阳一、酒井直树是文学理论家（后者也从事史学理论研究，近年一直任教于美国康奈尔大学东亚系），岛薗进是宗教学家，吉见俊哉是社会学家。换言之，这套历史书的编纂，并非全由史家承担，而更有意思的是，参与此书写作的史家中，也有西方的日本学家，所以此书不但跨学科，而且跨国界。

1　『大正感情史』，第228頁。

《近代日本文化史》共有十卷，再加一附卷《作为方法的文化研究》，其所概括的内容自19世纪中叶开始直到二战以后。十卷中的第四卷与第八卷，分别题为"感性的近代"和"感情、记忆、战争"，比较明显地采取了情感考察的角度；顺便说一下，日文中的"感性"，除了与"理性"相对，还有"敏感性"或"敏感度"的含义。值得一提的是，此书与上述《大正感情史》显出一个比较明显的不同。《大正感情史》认为"明治的精神"与"大正的感情"相对，而此书的第四卷《感性的近代》处理的是19世纪70年代到20世纪10年代，也即明治后期，而非大正时期。更值得注意的是，《近代日本文化史》用两卷来概览这一时期的历史——在《感性的近代》之前的第三卷是《近代知识的形成》。换言之，此卷的作者显然认为，日本明治时期的历史或许有理性扩张的一面，但同时也可以从感性、感觉的视角来研究。另一个更明显的不同则是，此书没有采取明治、大正和昭和这类皇权递嬗的框架，而是根据时代精神分卷叙述。比如第五和第六卷处理的是20世纪20—30年代，分别题为《民族主义的动员》和《扩张的现代性》，突出了大正到昭和初期日本逐步走向民族主义、军国主义的时代性。这两卷的标题也颇值得回味，因为代表"大正民主"的各种社会运动，固然有民众参与政治的一面，但同时也可以理解为用民族主义来动员民众。而日本走向帝国扩张之路以后，民族主义情绪则往往会成为支持对外侵略的工具。那个阶段日本历史的发展，已经揭示、证明了这一点，为我们所熟知，因为日本自30年代开始的对外侵略，中国是其主要受害者。

《感性的近代》这一卷的内容，也能反映日本近现代历史的双向、悖论似的发展，显示其追寻现代性的历程，有着对内压制和对外扩张的两面。该卷的序章由小森阳一写就，题为"对歧视的敏感度"（"差別の感性"），讨论的是走入近代的日本人，如何发现人与人之间的差异并对之采取诸多措施。这些措施包括1871年公布的"贱民解放令"，试图取消之前日本社会对部落民的各种歧视。小森指出，制定这一政策的目的是实现所谓"文明开化"，但饶有趣味的是，其实施又被用来"攘夷"——抵制外国人。同样，以"文明开化"为名，日本政府和社会又管控传染病人和精神病人，而出于"保护"目的，日本又侵占了北海道，将阿伊努族（旧称虾夷族）纳入其管辖。最后，还是出于所谓"文明开化"的需要，警察开始管控社会的清洁，制定了一系列"预防"措施，其矛头往往针对华人、朝鲜人等不同于日本民族的族群，视其为"不洁"或病者，而这些现象又出现在甲午战争之后。总之，小森用日本近代对"歧视"的敏感为例，指出了我们上面所提的日本近现代历史对内压制、对外扩张的双向发展。[1]

对人与人之间面貌、体形、习惯和种族差异的敏感或感觉，首先是从身体层面开始的。《感性的近代》共分三个部分，第一部分是"身体的近代"，第二部分是"表象空间的近代"，第三部分是"身体和边界"。第一部分讲的是卫生观念的兴起及其相随的措施，比如对传染病人的隔离等。第二部分侧重于视觉、听觉的变化，以战争博物馆（遊就館）的出现和政治家在街头和国会演说为例。第三部分讨论近代日本对人身体的管束和规训，并将之与对外侵略相连。此卷写

1　小森阳一：「（総説）差別の感性」，小森阳一等編：『日本近代の文化史4：感性の近代，1870—1910年代』，東京：岩波書店，2000，第1—46頁。

作的目的，就是展现现代化的过程中，人的身体在感官、感觉上所出现的种种变化，从而提供了一个观察历史变动的新角度。

以日本现代历史的变动而言，日本在亚洲挑起二次大战及其最终的战败无疑是十分重要的一段。《近代日本文化史》的编者将1935年至1955年的历史，也分两卷处理——第七卷是《全面战争下的知识和制度》，第八卷则是《感情、记忆、战争》。前者处理的是比较常规的内容，后者则如其标题所示，希求从新的角度研究战争史。第八卷的另一特色是，美国的日本史专家也参与了写作。成田龙一为此卷写了序章，题为"战争和性别"。他指出此卷的内容主要概括了以下四个方面："（1）若以女性为主体，如何描述其与战争的关系；（2）女性如何选择参与和支持以男性思维为主导的战争体制；（3）如何探究造成男女不平等的'现代性'的根源；（4）批判'现代主义'和批判'日本主义'（意为日本民族主义）有着什么样的关系。"换言之，如果说《感性的近代》分析了情感史与身体史的密切关系，那么《感情、记忆、战争》则突出了情感史与妇女史、性别史之间的关联。例如甲南女子大学的教授牟田和惠从女性的，特别是卖春妇、慰安妇的视角，描述了战争期间和战后女性的经历，指出尽管这两个时期性质似乎有天壤之别，但从女性和权利关系的视角来衡量，还是具有相当程度的连续性。美国哥伦比亚大学的日本史教授卡萝尔·格卢克（Carol Gluck）也重视从女性的视角来看待战争，希图呈现一种不同的战争记忆。她引用日本社会学家上野千鹤子的研究总结道，慰安妇曾被视为"女性之耻"，日本男性则被塑造成为国捐躯的英雄。而20世纪90年代开始的慰安妇研究，成功地改变了这一叙述。士兵在战争中"男性的要求"不再被认作正当的，而是被视作

"男性的犯罪"。[1]的确, 慰安妇在战争中身心俱损, 她们回忆这段经历的时候常常声泪俱下。慰安妇的研究因此能很好地结合情感史、身体史和妇女史的方法。

三、情感史研究的跨学科取径

日本欧洲史专家池上俊一在2022年出版了《历史学的作法》一书, 其内容结合了史学概论和史学史。他在书中为心性史和情感史专辟一章, 其中写道, 阿兰·科尔班的感觉史、心性史研究, 一枝独秀, 发扬光大了吕西安·费弗尔一脉的年鉴学派遗产, 但在法国显得后继无人。而自20世纪80年代以来, 受到认知心理学、神经科学和精神哲学等学科的刺激, 英文和德文史学界以情感史为号召, 大力推动了这一学派的发展, 成绩引人瞩目。[2]如池上所言, 近年西方学界情感史的研究, 发展迅速, 盛况空前。日本史学界也不甘落后, 感觉史和情感史的研究可谓齐头并进, 砥砺前行。

其实, 不仅感觉史和情感史的研究在日本有同步进行之势, 而且两者与西方学界的交流和互动都十分频繁, 因此日本学者的情感史研究与西方同行相比, 也不遑多让。上面提到, 情感史的研究在英美和德国开展得相对比较迅速, 在德国柏林马克斯·普朗克人类发展研究所任职的乌特·弗雷弗特便是情感研究的领军人物之一。2015年国

1　成田龙一:『(総説) 戦争とジェンダー』; 牟田和恵:『"女性と権力"』; キャロル・ゲラック: 記憶の作用: 世界の中の「慰安婦」』; 小森陽一等:『日本近代の文化史8: 感情、記憶、战争, 1935—55年代』, 東京: 岩波書店, 2000, 第1—54, 125—160, 291—234頁。
2　池上俊一:『历史学の作法』, 東京: 東京大学出版社, 2022, 第141—142頁。

际历史科学大会的情感史讨论专场,亦是由她出面组织的。在弗雷弗特诸多情感史著作中,其成名作可谓《为荣誉而战:资产阶级决斗史》。该书是她在比勒菲尔德大学完成的教授论文,于1991年正式出版。如其书名所示,此书将荣誉感视为研究对象,结合了情感史和性别史(男性史)的研究路径,成了这两个新兴流派的代表性作品。

无独有偶,任教于美国纽约新社会科学学院的社会学家池上英子于1995年出版了英文著作《武士的驯服:荣誉的个人主义和现代日本的形成》,同样采取了男性荣誉感的视角,描述了日本的武士阶层在从传统到现代社会的转换中所扮演的角色。池上认为,日本所谓和谐的集体文化其实与其充满冲突的历史相辅相成。具体言之,当代日本文化是建立在两个明显互补的成分之上的,即荣誉的竞争和荣誉的合作。这一发展突显了日本历史的特征,与欧洲历史颇为不同。明治维新的一个重要特点是将在德川幕府时期高居社会上层的武士阶层,转变为一个附庸的官僚阶层,让他们继续享受旧有但又相异的荣誉感,从而促进日本从传统到现代的转型。[1]

在研究日本现代转型的论著中,注重研究武士阶层的学者不少;他们也都注意到武士在这一过程中的"变身",即从武士阶层到工薪阶层(from samurai to salary-men)。但池上的研究,从荣誉感这一情感因素考察,在视角上独辟蹊径。2011年,任教于英国剑桥大学的德国史家乌琳卡·鲁布拉克(Ulinka Rublack)主编了《简明历史学指南》一书,邀请了不少学有所长的史家讲述历史学的各种流

1　Eiko Ikegami, *The Taming of the Samurai: Honorific Individualism and the Making of Modern Japan*, Cambridge: Harvard University Press, 1995.

派。池上英子为之写了"情感"一章。她在其中回顾了欧洲史上的情感史研究，如年鉴学派史家费弗尔的倡导，赫伊津哈的《中世纪的秋天》和德国社会学家诺伯特·埃利亚斯的《文明的进程》等著作。她同时也指出在历史悠久的日本诗歌，如《万叶集》等作品中，也有反映远征在外的武士思念家乡和亲人的复杂情感的。池上在探讨情感史的研究时，主要侧重于四个方面：一是情感的内在和外在的面向；二是身心二元论和情感理论；三是情感和文化；四是情感和政治、社会的变化。简单而言，情感虽然主要是内心的波动，但又会通过身体的言语和动作表现。这样的外在表现与文化差异和政治社会因素相关，因此对情感文化的研究，不但需要采用新的、不同的史料，而且还要对之进行深入的解读和分析，发现认识论上的不同层次，以求获得真确的认知和理解。[1]

以日本史学界的情感史研究而言，在出版相关的著作和译著之外，研究论文主要见于两本杂志，一是《女性、性别史》，二是《情感研究》，两者都是在最近十年之内发行的。《女性、性别史》由日本的英国史研究会主办，其注重发表情感史的研究论文反映了情感史与妇女、性别史之间的密切关联。该学会于2021年组织了一个工作坊，名为"英国女性史和情感"。2023年初的《女性、性别史》杂志上，选载刊登了那个工作坊上发表的部分论文和评论。八谷舞和金泽周这两位工作坊的组织者以英国妇女争取选举权的运动为例，介绍了情感史这一学派的迅速崛起及其在历史研究中的创见和贡献。赤松淳子

---

1 Eiko Ikegami, "Emotions," in *A Concise Companion to History*, Ulinka Rublack ed., Oxford: Oxford University Press, 2011, pp. 333–354.

则以"围绕通奸的法律和情感：18世纪的强穆雷夫妇案件"为题，提供了她运用情感史方法研究法制史的实例。贝原伴宽的论文题目则是"你喜欢猫吗，即使它们取笑你？——18世纪法国的动物、情感和性别"，其研究结合了性别史、动物史和情感史的手段。该期还发表了森田直子和大石和欣的评论，前者讨论了情感史研究对历史学的影响，后者讲述了在英国文学的研究中如何运用情感史的方法。[1]

　　任教于上智大学的森田直子是日本情感史研究的主要倡导者之一。《女性、性别史》该期的"编者按"中指出，"她（森田直子）在日本引入情感史研究方面发挥了主导作用"。[2]森田在获得东京大学的学士和硕士学位之后，在德国的比勒菲尔德大学获得了博士学位，可谓乌特·弗雷弗特的私淑弟子。她近年不但翻译和介绍了西方情感史学者如芭芭拉·罗森宛恩、扬·普兰佩尔和乌特·弗雷弗特等人的论著，而且还在日本的《思想》《史学杂志》等专业杂志上发表了多篇提倡和推广情感史的文章。[3]她个人的情感史研究专题论文，则常见于《情感研究》的杂志，譬如《历史学如何处理情感问题：试论有关粗话的情感史》。森田在这篇文章中，从19世纪德国的两部词典中找出了一些当时流行的粗话，然后又从当时有关大学生活的资料中，考察这些粗话的使用，如何引起学生与学生、学生与市民之间的争吵，继而引发斗殴、决斗等暴力现象。她认为这些情感激愤现象的发生，与德国人普遍认可的社会道德相关，而这些道德认知在不同的程度

1　这些论文均见『女性とジェンダーの歴史』第十卷，2023。

2　同上书，第1页。

3　有关森田直子的学历和出版，见她本人的网页：https://researchmap.jp/read0142855（查询日期：2023年4月22日）。

上，仍然影响了今天德国人的处事和社交。她希图通过这一事例的研究，指出情感在历史研究中可能扮演的重要角色。[1]

《情感研究》杂志由日本感情心理学会（Japan Society for Research on Emotions）在2015年创办，刊名以日文片假名标示——"エモーション・スタディーズ"，对应其英文名称"*Emotion Studies*"。《情感研究》的创刊号上有理事长中村真的一个简短寄语，说到学会的成立是为了促进与国际情感学会（International Society for Research in Emotion）的交流，创办这个杂志也是为了与国际情感学会在2009年创刊的《情感评论》（*Emotion Review*）杂志对话。更具体一点说，《情感研究》杂志的"目的是为促进和发展情感研究提供信息，即发表各个领域的前沿情感研究，介绍跨学科和跨领域的研究，并传播和提供相关信息"。[2]的确，如同国际杂志《情感评论》，日本《情感研究》发表的论文，多采取跨学科的形式，情感史的研究也不例外。

上面提到，森田直子写作了不少有关情感史研究的文章。她在2016年发表于日本重要的史学刊物《史学杂志》上的《情感史的思考》一文，也特别强调情感史研究的跨学科性质和方法。森田指出，20世纪90年代出现了一个"情感革命"，情感研究在许多自然学科领域得到了飞跃发展。2015年，日本出现了人格化的机器人，号称具有类似人的情感，也是一个标志。情感研究的长足进展，主要发生

1　森田直子:「歴史学は感情をどう扱うのか：罵りをめぐる感情史の一試論」,『エモーション・スタディーズ』,五卷一号,2020,第45—55頁。

2　中村真:「エモーション・スタディーズ（Emotion Studies）創刊に寄せて」,『エモーション・スタディーズ』,一卷一号,2015,第1頁。

在神经科学、人工智能和生理学等自然科学的领域。同时，在社会科学的领域，社会生理学、认知心理学等学科的发展也促成了情感社会学、神经经济学的兴起。换言之，情感史的发展，与20世纪以来历史学与其他诸学科的互动和交流息息相关，而它的长足进步，则有助于挑战身心二元论、理性和感性的区隔、普遍与个别的对立等传统观念。[1]

2020年，《情感研究》发表了一个"历史与情感"的专辑，其参与者来自不同的学科，展现了情感史研究的跨学科取径。这一专辑的组织者大平英树是名古屋大学的认知心理学的教授，之前是该校社会环境学的教授，其教育背景则是东京大学社会心理学的学士和硕士，之后获得了岐阜大学的医学博士，研究兴趣涉及脑神经、精神压力、情感和认知等多重领域。[2] 除了大平和森田（即上述她对粗话和情感关系的研究）的文章之外，还有八位来自不同学科的学者为这个专辑提供了论文。譬如富山大学佐藤德的论文是《自我感的社会构成》，其中指出人的自我感具有多重层次（如身体自我感、自己主体感和神经主观框架等），而每个层次的形成都与社会构成了密切的联系。名古屋大学的中村靖子则写了《情感的生成：文学和历史》。她用欧洲早期启蒙运动的一场争论为例，指出诗歌的逻辑性和想象力，拓展了人的认知世界，而这一拓展与情感密切相关，因为情感和想象力的相互作用，赋予了人类心灵的历史上一个新的维度，使其否定常规化的言语机能，也即超越人的生物条件，从而呈现一种"审美的主

1　森田直子：「感情史を考える」，『史學雜誌』，一二五卷三号，2016，第39—57頁。

2　有关大平英树的学历和履历，见其个人网页：https://profs.provost.nagoyau.ac.jp/html/100000515_ja.html（2023年4月23日查询）。

体性"。[1]

大平英树在该专辑的论文是《在文化和历史中共同构建情感》。如其标题所示，他主要采用了情感建构主义的立场，认为情感虽有先天的成分，但更多的是后天的抑或文化和历史的产物。具体言之，他指出情感的建构过程表现为两个方面：（1）在感知的基础上形成核心情感，而感知是身体信号的神经表征；（2）通过使用概念和背景信息对核心情感进行分类。然后他又引入了一个计算模型，来探究和重建文化和历史共同构建情感的具体过程。神户大学的宇津木成介则探讨了情感与意识之间的关系。他在题为"情感心理学和意识"一文中，首先指出近代以来，不少哲人用有否意识来区分人和动物。但意识与感觉相连，而已有的研究已经表明，动物（如鱼和老鼠）也会有痛感，并对之做出反应。那么动物是否也有意识？他的结论是，从情感的角度考察，人和动物可能都是有意识的生命；后者尽管没有采取口头语言的形式，但也会用肢体动作来表达情感和感觉。[2]

《情感研究》这一专辑的论文显示，作者们采用了自身学科的方法来研究历史上的情感抑或情感的历史性，体现了情感史研究的交叉学科特征。而饶有趣味的是，在日本其他学科的情感研究中，也能看到研究者采用了历史的方法，所以这一交叉学科的趋向，并非单向流动，而是双向互惠的。譬如久保由香里在《儿童的自我理解发展中的情感因素：情感社会化和历史自我的构建》中指出，儿童在两岁

1　佐藤徳：「自己感の社会的構成：試論」；中村靖子：『感情を創成する：文学と歴史』，『エモーション・スタディーズ』，五巻一号，2020，第16—24，74—84頁。

2　大平英樹：『文化と歴史における感情の共構成』；宇津木成介：「感情心理学と意識」，『エモーション・スタディーズ』，五巻一号，2020，第4—15，25—36頁。

之后, 能在与社会的接触中逐渐内化一些经验。在这一过程中, 他们能逐渐形成"历史的自我", 也即通过自身记忆的积累, 达成一种对自我的理解, 而情感在这一自我理解的形成过程中扮演了重要的角色。冈田显宏和阿部纯一合作的《心理学中的情感研究史及其动向》一文, 也采取了历史学的角度, 勾勒了近代以来心理学家研究情感的来龙去脉。他们指出查尔斯·达尔文是最早对情感生成加以研究的学者, 之后则主要表现为认知心理学的发展, 侧重考察的是从认知到情感还是从情感到认知的问题, 而最新的趋向是用计算模式分析情感过程。与冈田显宏和阿部纯一的路径相似, 兵藤宗吉对记忆和情感的关系从历史学和神经生理学两个方面做了回顾。在前一方面, 他回顾了从达尔文到威廉·文特 (Wilhelm Wundt)、威廉·詹姆士 (William James) 和卡尔·兰格 (Carl Lange) 情感理论的发展, 而在后一方面, 他主要讨论了21世纪以来神经心理学家如何使用现代电脑科技, 生成如核磁共振的影像, 观察情感波动的时候 (喜怒哀乐等) 相关的人体和脑部器官 (如扁桃体、丘脑、大脑皮层和皮质) 如何变化或不变, 试图寻找比如抑郁症的病因。[1]

由于涉及人类情感活动的记载多见于文学作品, 因此情感史的研究, 几乎自然会用到文学类的材料, 日本学界也不例外。在日本情感史的发展中, 文史结合的方法应该说最为常见, 这里举两例略做说明。任职于松山东云女子大学的西尾和美, 专研日本中世史和性别

---

1 久保ゆかり:「子供の自己理解の発達と感情: 感情の社会化と歴史的自己の構成」,『東洋大学社会学研究所年報』, 二十九号, 1996, 第23—36頁; 岡田顕宏、阿部純一:「心理学における感情研究の歴史と動向」,『日本ファジィ学会誌』, 十二巻六号, 2000, 第730—740頁; 兵藤宗吉:「記憶と感情に関する研究: 歴史的考察と神経生理学的考察」, 中央大学教育学研究会編:『教育学論集』, 第46期, 2004, 第15—44頁。

史。她在《历史中的情感表现：以〈今昔物语集〉的分析为中心》一文中，研究了悲伤、哭泣、发怒、愤恨、失常、发狂、大笑等行为及其性别差异。《今昔物语集》是日本平安时代编辑的故事集，类似《聊斋志异》，但内容不以日本为限。西尾认为，《今昔物语集》是一种"说话史料"，属于文学作品却"又在一定程度上反映了时代"。以哭泣而言，《今昔物语集》有不少相关记载，让人似乎觉得日本中世的社会，人们可以在公开场合号啕大哭，不加控制，而且男女无差。但西尾指出，其实不然，因为《今昔物语集》中描述的哭泣场面，基本都与生离死别相连，因此给人以上面的印象。从发怒的现象来看，在公开场合表示怒气的往往是日本中世社会的权贵人士，女性则相对比较少见。而愤愤不平者，则又常常是社会地位比较低下的人士。他们无法公开表示自己的愤怒、愤恨，因此常常借助幽魂的想象来发泄。譬如一个被丈夫虐待和抛弃而死的妻子，会灵魂附体来惩罚丈夫，等等。因此，《今昔物语集》中所记载的灵魂转世的许多故事，其实反映了弱势群体（日文"劣位者"）表达愤怒的一种特别的方式。同样，《今昔物语集》所叙述的有关人的失常或发狂的行为，也反映了当时认可的社会规范——那些人被视作狂人，因为他们的行为引起了其他人的反感和鄙视。[1]总之，西尾和美通过细读和爬梳《今昔物语集》这本文学类的作品，发掘出与情感和性别关联的材料，提供了对日本中世社会的一种新的认识。

短歌是日本诗歌的一种古老形式，最早在《万叶集》中出现，其出

1　西尾和美：『歴史の中の感情表現：「今昔物語集」の分析を中心に』第九卷，松山東雲女子大学人文学部紀要，2001，第49—62頁。

现的时代比《今昔物语集》出现的平安时代更早，后在奈良时代广为流行，之后经久不衰，一直持续到现代。20世纪70年代，日本著名的社会学家鹤见和子（1918—2006）倡导收集日本昭和时代的短歌，于1980年出版了《昭和万叶集》，共收集了45000首短歌。鹤见和子出身于名门，外祖父是医师出身的明治重臣后藤新平，父亲鹤见祐辅也很早就步入政界，其弟鹤见俊辅则是日本著名的哲学家和政治活动家。鹤见和子与其弟早年一起在美国接受高等教育，太平洋战争爆发后回国。虽然其父在自民党中位高权重，但她本人思想左倾，曾一度加入日本共产党，后转而从事学术研究，担任了上智大学的社会学教授。鹤见和子号召收集短歌，目的是"眼光朝下"，反映民众的声音。鹤见为《昭和万叶集》写道：

> 历史研究是为了全面了解人类世界，因此人们通过社会史、经济史和思想史等不同领域研究历史。但我们还没听说过情感史，也即人类心灵的历史。作为一名社会学家，我很感谢《昭和文艺》，因为伴随着这本书，情感史诞生了。可以这么说，情感史的加入使我们能够把握人类的整体性。再者，构建一部历史，不仅要显示由少数伟大人物推动的社会，而且还应展示许多无名之辈哭诉和呐喊的生活方式……[1]

2011年，曾经参与《昭和万叶集》编辑工作的菅野匡夫写作了

---

[1] 菅野匡夫：『短歌で読む昭和感情史：日本人は戦争をどう生きたのか』，東京：平凡社，2011，第11—12頁。

《用短歌解读昭和情感史：日本人的战争体验》一书，用那时日本人创作的短歌为基本素材，重建了昭和日本的战争岁月。他的序章题为"短歌的时代"，回顾了那时从成人到小学生纷纷创作短歌的经验。然后他用倒叙的手法，先从日本1941年底轰炸珍珠港开始，分七章叙述了日本二战的历史；其中第四章题为"一个阴郁时代的来临"，回溯了1926年以后中日关系恶化、日本侵华的历史。菅野在序章中指出，太平洋战争爆发之前，日本因为已经陷入侵华战争的泥潭，经济出现了困难，粮食供应不足，一些孩子用短歌描述了他们的饥寒交迫，而他们的教科书则以短歌来宣扬爱国主义。譬如一个叫山田尚子的女孩写道："每个人都会来看看花，摘摘草。"听起来似乎天真烂漫，但女孩接着写道："我们大老远跑到这里来看花，但我们都不看花，而是说：'哦，有草可以吃。'每个人都在摘草，沉浸在摘草中……"所以其实描述的是他们这些孩子去摘野草充饥的情景。[1]

　　日本轰炸珍珠港之后，日美正式开战。一个人的短歌这么写道："在我醒来的那一刻，我听到了水顺着我的脊柱流淌的声音。"另一个人则那么写："当我以为会有一段时间的炎热和干燥时，秋天已经来临了……"根据菅野匡夫的解读，前者表现的是对开战的恐惧，而后者则似乎"预计并准备好两国之间的战争，但当战争成为现实时，仍然是一件非常艰难的事情"。战争所带来的艰难困苦，更从女性的短歌中表现出来。丈夫在外从军的一个妻子这么写道："我要活着再见到你，然后握住你的手，再不松开。"另一个送夫从军的妻子这么写："我的心离火车的窗口如此之近，我只想和我丈夫在一起，

1　菅野匡夫：『短歌で読む昭和感情史：日本人は戦争をどう生きたのか』，第15—16頁。

永不分离。"菅野匡夫对此这么形容:"这是一首由一位同样上了战场的士兵的妻子咏唱的歌曲。她的丈夫,已经穿上了军装,正在火车上,出发时间是越来越近了。站台上站满了前来送行的邻里协会的人,他们一边挥舞着手中的小旗子,一边喊着'万岁''万岁'。妻子尽可能地贴近火车窗口,只是盯着她的丈夫,忍受着百感交集的情绪。"[1]

进入40年代,战事的进展对日本越来越不利,无论是士兵还是平民,他们的短歌都充满了悲情,为日本的最终战败留下了生动的记载。比如一个参加了所谓神风突击队的父亲写道:"我为我儿子的幸福祈祷,希望他能生活在新的光明中,而我可以散去。"一个经历了冲绳战役的女子如此形容战争的惨烈:"吸血的扶桑岛在樱木的夏天是无焰的疯狂。"另一个则表达了对生的祈望:"我不知道这是否是终点,但我要活到到来的那一天。"对于美军入侵日本的恐惧,一个女子这么写道:"好吧,我们会剪掉头发,但我们有藏不住的乳房,那该怎样继续下去。"也有人暗中期待和平的到来:"我从白天到黑夜,从黑夜到白天,我仰望晨光。"1945年8月15日,昭和天皇宣布日本接受无条件投降,不少人悲泣,在收音机旁,全家抱成一团——"当父母抽泣时,甚至他们年幼的孩子也会在收音机前大声哭泣"——但也有不少人视之为解脱。一首短歌这么写道:"我坐在一个已经从战争中分离出来的榻榻米上。"不管抱有何种心情,他们即将面对的是战后日本满目疮痍的景象。总之,菅野匡夫通过仔细解读那些战时的短歌,展示了那时各种人士复杂又多重的情感,让读

1　菅野匡夫:『短歌で読む昭和感情史: 日本人は戦争をどう生きたのか』,第33—34, 27—28頁。

者似乎能回到那段烽火连天的岁月, 重温那段惨不忍睹、不堪回首的历史, 这是此书的成功之处, 也是利用文学材料写作情感史的一个实例。[1]

行文至此, 我们可以对本文做一个小结了。如同开头所说, 本文的目的是通过描述和分析日本情感史在近年的发展, 在方法论的层面为这一新兴流派提供一个简要的说明。与欧美学界相似, 日本学界的情感史研究, 与其他学科的情感研究, 交流和互动十分频繁。[2]在很大程度上, 情感史的研究是交叉学科发展的一个产物, 因此在研究方法上, 具有很明显的跨学科特征。换言之, 与其他史学流派略显不同的是, 情感史的研究没有明确的学科边界, 不仅其研究对象多样, 诸如爱恨情仇、喜怒哀乐、嫉妒、同情、痛苦、恐惧、虚荣、骄傲等情绪、情感, 都可以作为考察和分析的对象, 而且因其如此, 所以情感史研究的方法也丰富多彩、不拘一格。森田直子在其《情感史的思考》一文的结尾, 对情感史的性质及其对史学的影响, 做了如下的观察。她的总结体现了一个日本学者的角度, 有其特性, 但也指出了情感史研究的某种共性, 因此我们引在下面, 以结束本文的讨论:

感情史研究从20世纪80年代就已开始, 但一直没有展现出

1　菅野匡夫:『短歌で読む昭和感情史: 日本人は戦争をどう生きたのか』, 第200, 202—203, 197, 204頁。

2　日本情感史跨学科研究的例子还见于哲学史和音乐史的研究, 如上田誠二:「冷戦下日本の『戦後史』を音楽からみる :「歴史総合」に向けたジェンダーの〈感情史〉試論 」, 『歴史地理教育』, 歴史教育者協議会編 , 九二七卷増刊, 2021, 第60—65頁; 笠松和也、貝原伴寛、筒井一穂、上遠野翔、望月澪、上西晴也、後藤里菜:「企画『歴史学と哲学の方法論的交差——感情史をめぐって』:ディスカッション」, 『人文×社会』, 一卷二号, 2021, 第15—34頁。

鲜明的轮廓,而这正是情感史的强项。正因为研究对象——这里指情感——的轮廓不太清晰,所以我们必须要在每个研究中重新定义制约情感的各种关系。此外,由于缺乏明确对立的研究视角和方法,也使得我们必须反复尝试自我界定。通过这个过程,无论是在史料上还是方法上,情感史都突破了既有的框架,拥有了丰富的可能性。[1]

正如森田所说,感情史的研究对象及其轮廓丰富多样,要求研究者保持一种开放和包容的心态,持续叩问人类情感的意涵,有助于情感史的研究持续处于动态变化的过程之中,拥有日益丰富的内涵。其实,历史研究又何尝不是如此?历史学的范畴和边界从来就不是一成不变的,而我们需要做的,也许就是敞开胸怀,秉持一种不断与其他学科融汇与互动的姿态,让历史学继续更新和绽放其持久的魅力。

1　森田直子:「感情史を考える」,『史學雜誌』,一二五卷三号,2016,第50—51頁。

顾颉刚及其"疑古史学"新解
——试从心理、性格的角度分析[*]

    1926年6月11日, 年仅33岁、从北大毕业未满六年的顾颉刚编辑出版了《古史辨》第一册, 集中收入了前几年他与胡适、钱玄同及其他人讨论古史真伪的信函。用编者晚年的回忆来形容, 他在其中表达的对中国上古历史的看法, 如《与钱玄同先生论古史书》等篇, "竟成了轰炸中国古史的一个原子弹"。[1]而胡适在当时的评价则是, 这些讨论"在中国史学史上的重要一定不亚于丁在君(丁文江)先生们发起的科学与人生观的讨论在中国思想史上的重要", 因为顾颉刚的"'层累地造成的古史'的见解真是今日史学界的一大贡献"。[2]顾颉刚的

---

[*] 笔者感谢荷兰莱顿大学的赫尔曼·保罗教授邀请参加2017年1月26—27日在莱顿大学举行的"The Persona of the Historian: Repertoires and Performances, 1800—2000"国际会议。本文初稿完成以后, 承蒙南开大学的余新忠、美国西肯德基大学的杜春媚教授和中国社科院近代史所李志毓副研究员拨冗阅读, 提出了有益的批评建议。2017年6—7月, 笔者以此为论题, 在华东师大、山西大学和首都师大等处演讲, 在此也对师生们的提问, 表示由衷的谢意。本文原刊于《中华文史论丛》第128期(2017年4月)。

1 顾颉刚:《我是怎样编写〈古史辨〉的?》,《古史辨》第一册, 上海: 上海古籍出版社, 1981年, 第17—18页。

2 胡适:《古史讨论的读后感》, 见《古史辨》第一册, 第189、191页。

北大室友、当时在欧洲求学的傅斯年和其他同学知道了他的古史观点之后，也称赞有加。用傅斯年的话来说，那就是"颉刚是在史学上称王了"。[1]1929年，美国汉学家恒慕义（Arthur Hummel）在《美国历史评论》上发表了题为"中国史家们对他们的历史做了什么？"的论文，更将"古史辨"的讨论介绍到了海外。[2]的确，以中国史学在近代所经历的大变革而言，梁启超在1902年在《新民丛报》上连载发表的《新史学》，发出了改造中国传统史学的先声，而顾颉刚在二十年之后发起的"古史辨"讨论，则用实例证明了传统史学所存在的诸种问题，并进一步提出和尝试了解决的路径和方法。而且，顾颉刚对古史真伪的怀疑和批评，不但牵涉了史学，还改变了中国人对自身历史的态度。1971年，另一位美国汉学家劳伦斯·施耐德（Laurence A. Schneider）出版了顾颉刚的学术传记《顾颉刚和中国的新史学/历史》。据笔者所知，这是第一部出版的顾颉刚传记。而施耐德在传主在世的时候便为其写传，在中外学术界均不多见，足见顾颉刚作为中国现代史家的重要地位。以民国学人的海外影响而言，顾颉刚的老师胡适堪称第一位。但西人写作胡适的第一本传记——贾祖麟（Jerome Grieder）所著《胡适与中国的文艺复兴》——出版于1970年，仅比施耐德所写的传记早一年，所以在近现代中国学人中，

1　傅斯年：《傅斯年全集》第四册，台北：联经出版公司，1980年，第457—458页。顾颉刚1924年给妻子殷履安的信中也提到，毛子水那时从欧洲给他来信，说他和傅斯年等北大同学对他治古史，称赞有加，认为他抓住了一个"中心问题"。见《顾颉刚书信集》第四卷，北京：中华书局，2010—2012年，第427页。

2　Arthur Hummel, "What Chinese Historians Are Doing to Their History?" *The American Historical Review*, vol. 34, no. 4 (July 1929), pp. 715–724.

顾颉刚的国际影响亦首屈一指。[1]

　　在施耐德出版了有关顾颉刚的专著之后，中国学者也陆续出版了大量的传记和论著。如1986年刘起釪所著《顾颉刚先生学述》和1987年王汎森的《古史辨运动的兴起》等，都是较有影响的早期著作。20世纪90年代之后，海峡两岸的学者又陆续出版了有关顾颉刚及其学术的著作，其中顾颉刚的女儿顾潮和顾洪用力甚勤，为我们了解顾颉刚的治学与为人，做出了许多有价值的贡献。另外，美国华裔学者洪长泰于1985年出版的《到民间去：中国知识分子和民俗文学》一书，尽管不是有关顾颉刚的史学论著，但涉及了顾颉刚学术的另一重要方面，那就是他从年轻时代就一直从事的民俗学研究。[2]1994年，李学勤结集出版了《走出疑古时代》一书，虽然没有点名顾颉刚，却以近年许多考古发现来指出疑古史学的局限。李学勤写道："疑古思潮在思想上起过很大的进步作用，但因怀疑过度，难免造成古史的空白。"[3]尽管对古史的看法不同，但李学勤《走出疑古时代》的出版及其近年陆续开展的工作，也从侧面反映了民国初年顾颉刚古史研究的深远影响。

1　见Laurence A. Schneider, *Ku Chieh-kang and China's New History*, Berkeley: University of California Press, 1971。在上述西文的论著之外，1940年，东京大学的教授平冈武夫也将顾颉刚的《古史辨·自序》译成了日文出版。有关顾颉刚"疑古史学"的国际影响，刘起釪：《顾颉刚先生学述》，北京：中华书局，1986年，第287—329页有详细的讨论。有关胡适的国际影响，见王晴佳：《胡适的"中国文化大使"之路：以1917—1937年〈纽约时报〉的报道为中心》，《南国学术》，2017年，第239—255页。

2　参见顾潮：《历劫终教志不灰：我的父亲顾颉刚》，上海：华东师范大学出版社，1997年；顾潮、顾洪：《顾颉刚评传》，南昌：百花洲文艺出版社，2010年；Chang-tai Hung, *Going to the People: Chinese Intellectuals and Folk Literature, 1918–1937*, Cambridge: Harvard University Press, 1985。

3　李学勤：《走出疑古时代》，沈阳：辽宁大学出版社，1994年，第4页。

以现在的标准来重读顾颉刚所编的《古史辨》，也许不少人会有所惊讶和困惑，因为这部在中国史学史上堪称划时代的论集，并没有采用严格的学术论文形式，而是由许多来往信函所组成。当然，在这些通信中，顾颉刚及其支持者（特别是钱玄同）也列举了许多实例来说明、证明其观点。但从写作方式来看，与现代学术论文的要求显然不可同日而语。更值得注意的是，顾颉刚为《古史辨》第一册写了一篇六万余字的"自序"，其篇幅占整本书的三分之一。如此做法，在中外学术界几成一个特例。有必要一提的是，恒慕义在《美国历史评论》上发表了上面提到的论文之后，又在1931年将顾颉刚的长篇自序译成了英文，作为《一个中国史家的自传》单独出版。[1]恒慕义的这一改动，应该说颇为恰当，因为顾颉刚在其自序中，详细交代了自己的生平和学术道路，从篇幅和内容上都称得上是一部自传。如果说胡适于1933年出版《四十自述》，为的是纠正"中国最缺乏传记的文学"的现象，那么其弟子顾颉刚早他好多年便已经付诸实践了。[2]

在顾颉刚临终前，他又写作了一篇题为"我是怎样编写《古史辨》的?"的长文，再度巨细靡遗、不厌其烦地交代了他的学术生涯。1981年上海古籍出版社重印《古史辨》的时候，将其与他在1926年的自序同时印出。顾颉刚这些自传性的写作，为他的研究者提供了宝贵的第一手材料，而从现有的论著来看，许多顾颉刚的研究者也的确大量参考了他的自述。2000年台湾联经出版公司整理出版了《顾颉刚日

1　Arthur Hummel, *The Autobiography of a Chinese Historian*, Leiden: Brill, 1931.

2　胡适:《四十自述》，北京: 中国华侨出版社，1994年，第1页。

记》十二卷。其后的2010年—2012年中华书局又整理出版了《顾颉刚全集》，共有59卷、62册、2500多万字，其中包括《古史论文集》13册、《书信集》5册等，而其所留下的《读书笔记》更有17册之多。这些卷帙浩繁的第一手资料，为顾颉刚研究者提供了极其丰富的材料。如余英时在读了《顾颉刚日记》之后所写的《未尽的才情》一书，已经为我们简略地阐发了顾颉刚为人和治学等许多尚未被人知晓的方面。[1]

　　顾颉刚先生留存的上述这些丰富浩繁的第一手史料，不但是笔者研究的基础，而且还是本文的写作动机。换言之，本文的研究角度与以往的研究颇为不同——笔者所关注并试图分析的问题，正是顾颉刚为什么会如此笔耕不辍，留下大量通信、日记、笔记和自述、自序（他之后所编辑的《古史辨》，也都附有长篇的自序）。举例而言，顾颉刚编辑《古史辨》没有采用我们熟知的论文写作，而是发表了大量的通信，除了由于他的勤奋治学之外，是否还有其他什么特别的原因？笔者的基本论点是，《古史辨》编纂形式的特点（长篇自序、通信交流代替论文写作等），固然有时代的因素——例如当时中国学术刚刚起步，许多人或许还不太熟悉论文写作——但同时也需考察顾颉刚本人的治学特点和风格，并可以从心理和性格的角度来分析其产生的原因和特点。

1　余英时：《未尽的才情：从〈顾颉刚日记〉看顾颉刚的内心世界》，台北：联经出版公司，2007年。余先生对顾的日记做了详细的阅读，发现了许多不为前人所知的细节，但也许他受制于篇幅，对许多方面的讨论并没有仔细展开。

一、为什么写如此长的《古史辨・自序》？

让我们先从顾颉刚的《古史辨・自序》入手。这篇长达六万余字的自序，由顾颉刚花了两个多月的时间写就，其内容和风格或许可以用"直抒胸臆、酣畅淋漓"这八个字来形容。顾在写了大约三万字的时候，就在日记中记到，这是他"生平第一长文"。以后在晚年写《我是怎样编写〈古史辨〉的?》的时候又说，这篇自序"是我一生中写得最长最畅的文章之一"。显而易见，顾本人对写这篇自序，颇费心思，也颇为得意，写完之后曾多次修改、校阅。[1]为什么顾颉刚会对写自序如此用心和用力呢？其实在这篇自序中，我们已经可以找到一些十分有用的线索。而他当时所记的日记，更能帮助我们从他的出生、早期教育和经历等方面，检讨顾颉刚发起"古史辨"讨论的个人心理和性格因素。

顾颉刚在《古史辨・自序》的开始，首先交代了自己在前几年发表了讨论古史的通信之后，迟迟没有将之汇集整理的原因及今后的计划。然后他笔锋一转，开始解释自己为什么会不避众嫌，挑起古史真伪的讨论："我所以有这种主张之故，原是我的时势、我的个性、我的境遇的凑合而来。我的大胆的破坏，在报纸上的发表固然是近数年的事，但伏流是与生命俱来的。想像与假设的构造是一点一滴地积起来的。"[2]他的这些话，为他在下面讲述自己的生平做了铺垫。但

1　《顾颉刚日记》第一卷，台北：联经出版公司，1981年，第724、729—732页及上引《我是怎样编〈古史辨〉的?》。

2　顾颉刚：《自序》，《古史辨》第一册，第4页。

同时也让我们看到，顾颉刚自己也希望读者和将来的研究者看到学者的品性、人格与学术兴趣和追求之间的紧密关系。

顾颉刚的生平回忆从他的童年开始。他提到自己出生的时候，家里已经很久没有听到小孩的哭声了，所以家长们（父母加上祖父母）都对他寄予很高的期望，因为顾家书香门第，祖上便有功名。据说康熙皇帝下江南，曾称顾氏家族为"江南第一读书人家"。[1] 而他们为实现这一期望，便对顾严格管教，导致他游戏的时间很少，因此手足不灵、言语钝拙。顾家有不少藏书，顾颉刚幼承庭训，得到曾是秀才的祖父及母亲和祖母的教海。在他五六岁的时候，他也开始浏览父亲从上海等地买回来的一些世界史读物，同时也在私塾里读了不少传统的经典。八岁开始他有了一位新的私塾老师，由他祖父请来帮他理解《诗经》和《礼记》等一些较难的经典。该私塾老师管教甚严，让顾颉刚大声朗读这些含有不少生僻字眼的典籍。顾回忆道：

> 读到《大雅》和《颂》时，句子更难念了，意义愈不能懂得了。我想不出我为什么要读它，读书的兴味实在一点也没有了。这位老先生对付学生本来已很严厉，因为我的祖父是他的朋友，所以对我尤为严厉。我越怕读，他越要逼着我读。我念不出时，他把戒尺在桌上乱碰；背不出时，戒尺便在我头上乱打。在这种威赫和迫击之下，长使我战栗恐怖，结果竟把我逼成了口吃……[2]

1　顾潮：《顾颉刚年谱》，北京：中国社会科学出版社，1993年，第2页。

2　顾颉刚：《自序》，《古史辨》第一册，第7页。

顾颉刚在忍受了这些身心的折磨之后，却最终也没有得到那位老师的首肯。有次他讲出了一篇古文的大意，那位老师对他祖父说："这个小孩子记性虽不好，悟性却好。"[1]这一评语显然不确，因为顾颉刚从小读书，而中文的最初学习，必须死记硬背方块字，不像拼音文字那样容易上手，所以他的记性应该相当好。在顾颉刚百年诞辰纪念会的时候，他以前的北大学生，也是顾一生眷恋的谭惕吾（原名谭慕愚，字健常，1902—1997）特意赶来参加了会议，她在发言中特别强调了顾颉刚先生"记忆力极好"。[2]从顾颉刚晚年写的《我是怎样编写〈古史辨〉的?》中，我们也可清晰地看出这位耄耋老人，对过往的事情仍有清晰的记忆。

不过，在孩提时代听到老师对自己有"记性不好"的评价，显然会对顾颉刚产生重大的影响。如上所述，《顾颉刚全集》中，读书笔记的部分占据最多，共有十七卷。在《顾颉刚日记》中，他也多次提及自己读他人著作的时候，常常做详细的笔记。比如在他81岁高龄的时候，他的学生童书业（1908—1968）已经去世，其家人寄来遗稿《春秋左传史札记》。顾颉刚根据自己多年养成的读书习惯，想加批注，但稿纸过狭，所以特意请人将其誊写一遍，以便他"加墨"。同年，他虽然老眼昏花，写字不便，但还是做了《甲寅杂记》和《读左传随笔》。[3]换言之，顾颉刚一生都希求勤能补拙，以多动手、多记笔记来补偿自己脑力的"不足"。

顾颉刚笔头勤快、笔耕不辍的另一个原因，应该与他从小患有的

1　顾颉刚:《自序》,《古史辨》第一册, 第7—8页。
2　谭惕吾的发言可见李向东:《丁玲、顾颉刚眼中的谭惕吾》,《书城》, 2010年第3期, 第67页。
3　顾潮:《顾颉刚年谱》, 第391页。

口吃也有不小的关系。他在口头表达上有障碍，不能顺畅地表达自己的思想，因此通过书写来宣泄情感，于是他在写了长篇的序言之后，觉得这是自己人生的一大快事。常言道：不吐不快。对于顾颉刚来说也许是颇为贴切的形容，只不过他是在纸上"吐"，下笔不休，而不是像有些人那样喋喋不休。上面已经提到，《顾颉刚全集》中有书信集五卷，其中收入顾与家人和朋友之间的大量通信，而其中又以他与两任妻子殷履安和张静秋的为最多。顾与她们结婚之后往往每天一信，而且长篇累牍，巨细靡遗。 1932年顾颉刚在杭州照料父亲数月，他给殷履安写信道：

> 我这次动身时，带了信笺约百张。来杭后带的信笺用毕，陆续购用，每次买二百张，到现在已是第三次了。以每纸平均二百字计算，我已写了十万字了。其中，大约三分之一是写给你的。我自己觉得，说话的本领太低而写信的本领太大。你道是吗？[1]

顾颉刚的这一自我评价，也能让我们对《古史辨》为何多采用通信的形式，有了进一步的了解。俗话说，真理越辩越明，而顾颉刚与人争辩，辨明古史之真伪，则诉诸笔墨。

口吃颇为常见，世界上有许多种语言，但不管使用什么语言，都有口吃患者存在。比如古希腊的著名演说家德摩斯梯尼，据说就患有口吃。他为了克服口吃，曾在嘴里含小石子，然后迎着大风和波涛讲话。现代日本前首相田中角荣，据说年轻的时候也是通过类似的方

---

1 《顾颉刚书信集》第四卷，第578—579页。

法克服了口吃。而许多口吃患者往往终生未愈，不过并没有影响他们成为政治家、演说家、科学家、教授、演员等，现代比较著名的例子有牛顿、达尔文、丘吉尔、玛丽莲·梦露和美国总统约瑟夫·拜登等。中国历史上已知的例子则有韩非子、邓艾及近代的柳亚子等。在20世纪以前，学界对口吃没有什么科学研究。但弗洛伊德曾经用精神分析的手段，对他的一位女性口吃患者做过一些初步的研究，指出了口吃的形成及对性格的影响。弗洛伊德的研究虽然称不上系统，但对后人颇有启发。第二次世界大战之后，对口吃的研究日益增多，形成了不同的理论。这些科学研究，让我们对口吃患者及其心理、行为特征，形成了新的认识。比如现有的研究已经指出，口吃者虽然说话不流利，但这对他们的智力发展没有负面的影响；口吃者的智力水平不但与不口吃者不相上下，甚至还高于一般人。世界历史上出现了诸多口吃的名人和成功人士，就是一种证明。[1]

现代的研究还发现，儿童在5—10岁的时候，是口吃现象的多发期，不分男女。但到了12岁之后，许多女孩都会自然而然地克服口吃，而相应的比例在男孩中要少得多。所以从男女的比例而言，男性口吃患者要比女性口吃患者多大约20倍。而且口吃患者一般不会痊愈，只是他们在成长过程中，逐步养成克服口吃的方法，让其他人不容易发觉而已。[2]比如二战时的英国首相丘吉尔，是现代世界著名的

1　Malcolm Fraser, *Self-Therapy for the Stutterer*, Memphis: Stuttering Foundation of America, 2007, p. 17. 2013年有人对口吃的儿童做了研究，发现他们智力高于平均水平，http://guardianlv.com/2013/08/stuttering-children-more-intelligent-according-to-new-study-video/。
2　Elaine Kelman & Alison Whyte, *Understanding Stammering or Stuttering: A Guide for Parents, Teachers and Other Professionals*, London: Jessica Kingsley Publishers, 2012, pp. 21–40.

演说家。他战时发表的不少演说，有力地鼓舞了英国人和整个同盟国的士气，为最后战胜希特勒德国做出了杰出的贡献。但据丘吉尔的私人秘书回忆，这位叱咤风云、"其语言能展翅飞翔"的政治家，其实一生都为口吃所扰。他演讲之成功，背后倾注的是他的辛勤准备及在英语上的高深造诣。[1]

如果口吃往往终生不愈是科学研究的一大发现，那么科学家对口吃的形成也有一个共识，那就是口吃常常不是由一件事情所造成的。因此，顾颉刚回忆自己口吃，归咎于私塾老师的严苛，这并不一定是唯一的原因。查阅他的日记发现，其母亲对他的管教也十分严厉。一次他尿床之后，母亲就不再与他同睡；顾颉刚之后与其嗣祖母一起睡到他17岁结婚。[2]根据我们所熟知的弗洛伊德精神分析的理论，他作为儿子与母亲的关系如此紧张，显然会对他以后的行为和性格造成特殊的影响。而就在那位老师要求他朗读深奥古文的那年，他的母亲周氏因病去世了。因此如果顾颉刚的口吃是因为受到了某个事件的刺激，那么除了私塾老师的威吓，小小年纪失去亲生母亲这一因素也须考虑。

一个更可信的说法是，口吃患者与家长的高度期望有很大关系。小孩在牙牙学语的时候，往往会有词不达意和口吃的现象出现。如果家长对之特别注意，比如好意地要他（她）慢慢讲、重复一遍，希望他（她）口齿伶俐、表达清晰等，那么其实反而会造成孩子终生口

1　Phyllis Moir, *I Was Winston Churchill's Private Secretary*, New York: Wilfred Funk, Inc. 1941, pp. 147–161.

2　《顾颉刚日记》第三卷，第510页记道他与他的姑母回忆自己的儿时，她们说他的母亲有洁癖，如果他尿床则必打他，而他本生祖母喜欢他，一定会过来劝阻，但他的母亲"不受劝，则关闭房门而打"，可见他母亲对他管教之严厉，几乎不近人情。

吃。科学研究已经证明，口吃不是一种生理疾病，而是一种心理现象，因为许多口吃患者在独处和放松的时候，讲话并无问题，只是在与人（特别是生人）谈话的时候，才会出现口吃。美国口吃研究专家奥利弗·布劳德斯坦（Oliver Bloodstein）提出了一种为人所认可的理论，那就是口吃患者讲话的时候，有一种"预期挣扎的反应"（anticipatory struggle reaction），意思是口吃者在还没讲某句话、某个字的时候，心理上已经有所挣扎，感觉自己会口吃，结果往往就是真的口吃了。而这一"预期挣扎"心理的形成，与他（她）幼年时代遭他人的恶意嘲笑、训斥和善意的提示、帮助等均有关系，这些让他（她）预知自己讲话有困难。普通人有时也会口吃，但因为没有这种心理障碍，所以下次讲的时候并不会自我困扰，与口吃患者的心态十分不同。[1]

就顾颉刚而言，他出生之后一直承担着亲人们的期望，包括他失去母爱后一直呵护、宠爱他的嗣祖母，也对他管教甚严。[2]这些高度的期望，便对幼小的顾颉刚造成很大心理压力，希望自己能实现亲人们的愿望，出人头地、光宗耀祖。由此而言，他儿时口吃的形成，也许与长辈们的严格管教和高度期望更有关系。他的私塾老师对他严苛，也反映了这一家族的期望。因此顾颉刚口吃的形成，与他幼时生长的家庭环境总体相关。

1　布劳德斯坦的理论在许多口吃研究的论著中被反复引用，见Oliver Bloodstein, "Stuttering As An Anticipatory Struggle Reaction," *Stuttering: A Symposium*, Jon Eisenson ed., New York: Harper & Row, 1958, pp. 1–70; Ann Packman & Joseph S. Attanasio, *Theoretical Issues in Stuttering*, Hove & New York: Psychology Press, 2004, pp. 135–137.

2　顾颉刚回忆其嗣祖母，说她管教很严，不让他吃零食，也不准他因下雨就不上学。顾潮：《顾颉刚年谱》，第8页。

顾颉刚在成年之后所记的日记中，几乎没有再用"口吃"来形容过自己，只是在与妻子殷履安的通信中，提到过一次。[1]但他在书信和日记中，多次提到自己不愿演讲和上课，反映出口吃者常有的怕出丑心理。如1924年他与北大女生谭惕吾等人刚认识的时候，其日记中有这样一段记载：

> 上星期六在公园，陶女士提议，要我教他们国文。予以不会讲书，却之。嗣想明年暑假如替她们编一种《国故的常识》讲义，可以出版。因与介泉（潘家洵——他的老乡和同事）言之。介泉必欲予演讲，今日谭（惕吾）、彭诸女士言及，她们指定廿九要我讲。夜中自度，遂不成眠。此事为我生平第一次，不知要否出丑耳。[2]

这段自述，明显地反映出顾颉刚心理的挣扎。虽然他早就有失眠症，但如他的日记所示，他失眠往往有一个原因。这次为谭惕吾等人所邀演讲，让他夜不成寐，因为他已经对谭惕吾颇有好感，也许有点跃跃欲试，但又生怕出丑，这就是布劳德斯坦所论及的口吃者有"预期挣扎"心理的一种表现。

---

1 《顾颉刚书信集》第四卷，第453页。
2 《顾颉刚日记》第一卷，第499页。最后顾颉刚还是决定做了演讲，并在之后的日记中记道："此予生平第一次演讲，极可纪念。"但他的自我评价不高，"今日予尚说得出，但方音太多，恐他们不懂"，第502页。他所谓的"说得出"，就是没有怎么口吃。他在给妻子殷履安的信中，对这次演讲有更多的描绘："我本来怕为口吃之故要说不出话，但那天却还说得出，居然连续讲了一点多钟，没有间断。所自己甚不足的，乃是不会说北方话，苏州方音太重，恐怕大家听了不了解。"《顾颉刚书信集》第四卷，第453页。

顾颉刚从北大毕业之后，深知自己说话不流利，因此虽然胡适、罗家伦希望他去预科任教，他却选择在北大图书馆担任薪资微薄的编目员。不过这一职位也使他自然而然地成了老师胡适的研究助手，这一关系对他之后的古史研究显然深有影响。其后北大国学门成立，他成为其中的一位研究助教。后来因为自己深爱的嗣祖母病重，他从北京到苏州探视不便，就接受了上海商务印书馆的编辑职位，得以在上海、苏州近距离往返，直到祖母过世。之后他又回到北大国学门工作。所以在他"古史辨"的讨论成名以前，顾颉刚并没有担任过教学工作。一个例外是他在1921年十月为北大预科上作文课，但他三周后就辞了，理由是不想改作文。[1] 也许他的口吃是更大的原因，让他有意逃避上讲台。不过顾颉刚推辞教书所给出的理由往往是，自己是苏州人，不会讲官话。这或许不错，因为他刚从北大毕业的时候，与同乡潘家洵、吴辑熙交往似乎最多。但他已在北京生活了多年，又喜欢听京剧和河北梆子，还与胡适、傅斯年、罗家伦等师友过从甚密，所以他用北方官话交流，早已不是问题了。他自己在1924年给殷履安的信中就已经记道，北方人都能听得懂他的话。[2]

　　20世纪20年代初期开始的"古史辨"的讨论，让顾颉刚声名鹊起，各大学邀约不断，而且直接聘他为教授。比如他在出版《古史辨》第一册之后一个月不到，便收到厦门大学的聘书，让他出任研究所导师、国学系教授，之后又改为史学研究教授。而他的同乡、同事潘家

<hr />

1　顾潮：《顾颉刚年谱》，第65页。
2　《顾颉刚书信集》第四卷，第451页。他在该信中还提到，其中的一位北方人徐旭生对他说，你讲的比冯友兰　才好。冯友兰亦患口吃，徐是否在说顾颉刚的口吃没有冯严重？有关冯友兰的口吃及其演讲，其同事和学生有所评价，见张天行：《冯友兰把口吃转化为长处》，《新天地》，2015年第6期，第26—27页。

洵也因为北京政局的动荡和北大欠薪而与他一同南下，只得到了厦大讲师的职位，引起了潘的不满。据顾颉刚自己说，他与鲁迅的矛盾，也与他的一举成名有关，让他这位昔日的学生，与声名远扬的鲁迅平起平坐，使后者不快。[1] 不过顾颉刚虽然身为教授，却还是不想上课。他在1926年8月25日的日记中写道："我在国文系中本须授课，今乃改为'研究教授'，不必上课，甚快。"不过这一快事没有持续多久。他在同年9月10日的日记中写道："校中仍要我教书……予此次任课，以买书为要挟，必有书然后开始授课。"[2] 由此可见他不愿讲课的心理。

　　顾颉刚名声日隆，请他演讲的场合、机会很多，他有时也无法回避。比如在厦大的时候，他被邀请在孔子诞辰的时候做一次演讲，听众达三四百人。他说自己能在这么多人面前演讲一小时，"这是想不到的事情"。[3] 可见在公共场合讲话，对顾颉刚仍是一项挑战。傅斯年从欧洲回国之后，力邀顾颉刚到广州中山大学任教。顾决定离开厦门大学到中山大学，固然是看在老同学的面上，但他不想上课是一个重要原因。因为傅最初答应他到中大可以不上课。顾到了中大之后，改为一周只上七小时课，傅希望他"用全力于研究所而以余力及文科者"。的确，傅斯年在中大成立了语言历史研究所，但校务繁忙，顾颉刚则是该所的主将，如编辑《中山大学语言历史研究所通讯》等。但之后这一安排有了大变卦，顾颉刚对容庚的信上这样说："一星期要

1　《顾颉刚日记》第一卷，第782、784页。另见顾潮：《顾颉刚年谱》，第129页。

2　《顾颉刚日记》第一卷，第784、790页。

3　《顾颉刚日记》第一卷，第803页。

上十七八小时了，连星期日也上了课了。"[1]傅斯年的变化，让顾颉刚非常不满，于是心生去意。而容庚在他去中大之前就邀他去燕京大学，因此顾颉刚便与容讨论应聘燕大，而他讨价还价的关键，还是希望能不上课。但容后来告知他也要上课，于是就有点失望。他的日记这样记录："希白（容庚）来信，谓燕京大学设立之研究院，其研究员仍须兼大学本科课，并须办事，闻此使我心冷。"[2]于是他一方面与容庚继续商量，另一方面又打算应蔡元培之邀，与傅斯年一同筹备成立中央研究院历史语言研究所。他对容的解释是，如果成为中研院的研究员，那么"固然我以前说的'不办事'做不到，但'不教书'总算可以做到了"。[3]由此可见顾颉刚之于教书，可谓"深恶痛疾"。其中自然有他一心专注研究的缘故，但他因口吃而不想在公众面前讲话，想来亦是其中原因之一。不过事情的发展并不如顾颉刚所愿：他与傅斯年矛盾激化，使他无法与之共建历史语言研究所。而他对傅斯年的"反击"，就是在离开广州、回到北京之后，不回母校北大任教，而是选择去了傅斯年一直不主张他去的燕京大学任教。几年后他去母校北大兼课，也不取薪水。[4]但无论如何，顾颉刚虽然百般不情愿，最终还是成了一位名副其实的教授。

不过即使上课，顾颉刚也有自己的特点，那就是以笔代口，尽量

---

1 《顾颉刚书信集》第二卷，第182页、第185页亦有类似记述。

2 《顾颉刚日记》第二卷，第148页。

3 《顾颉刚书信集》第二卷，第182—183页。

4 傅斯年曾有信给他，说顾在燕京教书是在"为亡国做准备"，顾颉刚颇不以为然。《顾颉刚日记》第二卷，第536页。傅斯年一直希望顾颉刚若在北京，应该在母校北大授课，顾却显得犹豫。他后来在北大授课不取薪水，也有可能是表达自己对傅斯年霸气的一种不满。顾颉刚在燕京大学，每周上课三时，这对他显然有吸引力。见《顾颉刚书信集》第二卷，第350页。

自己不讲课。这后来成了他独特的教学方法，为他的学生所牢记并赞赏。据其学生如杨向奎、刘起釪、王树民所归纳，他的方法主要有以下三种：一是编写和印发许多讲义给学生，让学生自己阅读并提出问题讨论；二是让学生做大量读书笔记，然后在课堂上交流、讨论；三是发给学生练习题，让他们就个人的兴趣选择回答，也就是进行专题的研究。顾颉刚特别会因材施教、提拔学生。一些学生的作业写得不错，他就为他们仔细修改，然后推荐到刊物上发表，使他们得到很多鼓励，并由此走上了学术道路。[1] 由于口才不好，书生气十足，顾颉刚一生没有担任过什么重要的学术职务，但他的热心、慷慨、不拘一格和平易近人，使他周围能聚集起一批莘莘学子。他在这方面的成功也让他的老同学、在民国学界称霸的傅斯年颇为嫉妒，多次当面揶揄他。[2]

二、"大器晚成"？——顾颉刚的真情？矫情？

以上的叙述，简单交代了顾颉刚作为一名口吃患者的基本行为特征。这些描述为我们深入理解顾颉刚发起"古史辨"讨论的前因后果及之后的所作所为，提供了必要的基础。从常人的眼光来看，口吃患者似乎并不怎么与众不同，就是说话有些困难而已。但其实现有的研究已经发现，口吃者由于几乎每时每刻都会为自己口吃而困扰、羞愧，甚至愤懑、自责，逐渐形成了一种与众不同的心理特征。当然，曾与顾颉刚熟悉并密切交往的人士在世的已经很少，我们不能真

---

1 参见王学典、孙延杰，《顾颉刚和他的弟子们》，济南：山东画报出版社，2000年，第70—82页。
2 《顾颉刚日记》第二卷，第561、659页；第三卷，第620页；第四卷，第217页。

正知道顾颉刚口吃的程度，而且一般口吃患者随着年龄的增长，会逐渐发展出比较好的能力控制自己的口吃，所以曾与老年顾颉刚交往过的人士，也许还不能帮助我们了解他青年和中年时代的行为表现。但分析顾颉刚的《古史辨·自序》及其相关的日记和书信，则能让我们一窥他的心境和性格，对他的疑古史学有不同的体认。

如上所述，口吃患者中有不少人从事了需要大量讲话的职业（演员、演说家等），这本身其实就体现了他们的一种重要的心理特征，那就是倔强和执拗，如有明知山有虎、偏向虎山行的勇气和决心。如上所述，顾颉刚表面上看似乎不具备这样的性格，至少在青年和中年的时候，竭力避免公开讲演甚至上课。但如果看他的《古史辨·自序》和他的日记与书信，我们可以发现他的反叛和倔强，由来有自，从小便有并终生都没有改变，对此我们将在下面再述。

除此之外，顾颉刚的日记还披露了许多有关他治学上、性格上、生活上的特点，值得我们深入探讨和分析。比如他30岁出头便一举成名，由大胆质疑夏王朝的历史性而全国闻名。20世纪30年代初，他应邀去各地讲学，被当地学者誉为"史学泰斗""史学明星"和"打破伪史建设真史"的"史学大家"等。而几乎与此同时，由于恒慕义等人的介绍，他对中国古史的质疑也为海外学界所知晓。对此顾颉刚自己也十分清楚，认为自己成名甚早。譬如他1932年便在私底下给妻子殷履安写信形容他的名气："要说一句满话，也可说是'世界闻名'。"[1]在这样的盛名底下，顾颉刚的有些行为和做法，便会引起别人

1　《顾颉刚书信集》第四卷，第489、502—503、599页。顾在日记中记载，那时法国汉学家孟浩然（André d'Hormon，又译铎尔蒙，1881—1965）曾在1932年8月数次造访顾颉刚，并声称读了顾的所有论著，可见顾名声在外。《顾颉刚日记》第二卷，第677—678页。

的看法甚至误解。比如上面已经提到，顾颉刚离开中山大学去燕京大学，讨价还价，希望只从事自己的研究而不教书、不办事（即不担任行政职务）。这种要求在常人看来，可能会觉得不太合理：应聘大学教授，教书自然是天职，而你却老大不情愿，是否觉得自己研究特别出色？他和北大师友、原先便心高气傲的鲁迅、傅斯年等人相处不好，也与他成名之后的境遇及其处事方式颇有关联。甚至，他的老师胡适后来也批评顾颉刚有点骄傲或显出傲气。[1]

但现在看来，即使他的恩师胡适，也有点冤枉了顾颉刚，因为胡适自己口才出众，并不能体谅顾颉刚口吃的苦恼。其实，远在顾颉刚成名之前，他刚从北大毕业、希求谋职的时候，就向关照他的胡适表示，自己希望"一不教书，二不办事，也不责望我到校"。[2]顾那时出任图书馆的编目员和国学门的助教，而拒绝任教于北大预科，都是例证。在听到胡适说他骄傲之后，顾颉刚这样写道：

> 我自己知道，我是一个外和而内傲的人，我决不能向人屈服，我有独立自由的精神，愿用十分的努力作独立自由的发展，我决不想占人一分光，决不想不劳而获，这便是傲的原因。傲和骄不同，骄是自己满足，看不起人家；傲是仗着自己的力量而工作，不依傍人家，不在痛苦时向人家乞怜。[3]

顾颉刚是否骄傲自大，我们将在下面再论。但他对"骄"和"傲"不

1　《顾颉刚书信集》第五卷，第269页。
2　《顾颉刚书信集》第一卷，第297页。
3　《顾颉刚书信集》第五卷，第269页。

同的分析，却有些道理。从他一生的学术追求来看，他的确对自己的成就从不满足，并且不懈努力。换言之，顾颉刚本人虽然有时也承认自己为声名所累，但在许多私下场合都认为自己还不够成功，乃至非常希望自己能大器晚成。他刚成名的时候，曾让族叔顾廷龙书"晚成堂"的匾额，挂在自己的书房里。他在1945年4月19日的日记中又写道："以不变的心应付一个对象。不可躁急，必须慢慢的来。不要贪多，勿夸勇敢，一个人的精力有限，何况你已在五十以外。你如果达到'晚成'的大愿，必须痛改你廿五年来的习惯。"已经五十开外、在世人眼里已功成名就的顾颉刚，却仍然期待做出更大的成就。几年之后国民党的统治走向溃败，顾颉刚得知北京的一些史学家在1949年7月成立了新史学研究会，自己不在其内，有点气馁，认为自己受到了"新贵"的排挤。然后他在日记中这样写："予为自己想，从此脱离社会活动，埋头读书，庶几有晚成之望。"1950年底，他又制定了自己的研究、出版规划，取名为《晚成堂全集》。[1] 由此可见，顾颉刚认为自己早年成就不大，并非谦虚和矫情，而是一种真实心情的流露。那么他对自己的评价，为什么如此迥异于一般人呢？

还有，我们随便翻阅《顾颉刚日记》便能发现，他在其中几乎每天都会提到自己的身体状况，如失眠、神经衰弱、便秘、心脏不适和高血压。从常人的立场来看，顾颉刚出名很早，应该知道自己的日记将来会成为后人研究的对象，那么他为什么仍然津津乐道这些属于个人隐私的事情呢？从他这些频繁的记载来看，似乎他身体状况非常不好。但他的日记也记录了几次身体检查，医生的结论是他身体相当不

1　《顾颉刚日记》第二卷，第664页；第五卷，第402页；第六卷，第484—485页。

错。如1936年他43岁的时候："今日验身体，医谓予心肺皆好，体重146磅，亦好。小便中绝无疾病。惟问彼血压高若干，则不肯言，度必甚高也。"顾颉刚的确有点血压高，但并不太严重，常常上压高一些，到150，甚至160，而下压则在80—90之间。[1]以他中年的年纪，只要服药，应该没有大碍。而且他饭量一向很大，1949年他56岁的时候，仍然可以每顿吃三碗饭，或两个馒头一碗饭。[2]曾有一位作家写了题为"颉刚大肚"的特写，在报上刊出，称"他的身体好，事业欲极强"。[3]在他的同辈、同学中，顾颉刚寿命最长，活到了87岁，他的同学罗家伦比他小四岁，于1969年去世，得寿72岁。而比他小三岁的傅斯年，在1950年便遽然离世，仅仅活到54岁。所以顾颉刚的身体应该并没有像他记录、描述的那么差。

当然，顾颉刚确实为失眠、神经衰弱所困扰。[4]从他的日记来看，他的失眠常常是因为作文太久、用脑过多，或者与人谈话、神经兴奋，或者喝茶，造成难以入睡等。这些其实都是导致失眠的常识，只要稍加注意便可以预防。顾颉刚也常常提到自己的便秘，这固然也许与他的体质有关，但他也提到自己平时不喜欢吃青菜，[5]加上他长期伏案工作，运动相对少，这也容易产生便秘。顾颉刚喜欢旅行，而在旅行期间，也许是舟车劳顿，加上走动增多，他便不再为失眠、便秘所困扰。[6]

---

1 《顾颉刚日记》第三卷，第534页；第四卷，第585页；第六卷，第697页。

2 《顾颉刚日记》第六卷，第401页。

3 万柳：《作家侧写：颉刚大肚》，收入《顾颉刚日记》第五卷，第710页。

4 参见王文基：《知行未必合一：顾颉刚与神经衰弱的自我管理》，载"中研院"国际汉学会议论文集《卫生与医疗》，台北："中研院"，第65—99页。

5 《顾颉刚日记》第二卷，第144页记道："予向不爱吃青菜，今日却饱啖之。"

6 《顾颉刚书信集》第四卷，第500页。

总之，顾颉刚对自己的身体，似乎有太多负面的评价，与实际情况有所差异。如他几次在日记中写道：他在学问上企图心很大，但"我的野心与我的身体背道而驰，互相破坏，真无法"。他30多岁就出现了白发，也许与他用脑过度有关，但现代医学可能更倾向于认为是遗传的因素。不过顾颉刚则对此特别忧心忡忡：1931年他的妻子殷履安为他梳发，"叹曰：'白发愈多了，几成斑白了！'闻此怃然"。而顾颉刚得出的结论是："予在此种身体之下究有成功之望否？"其实他在那时已经全国闻名，各个学校争相聘请，但他显然不自认为很成功，而且还觉得这是由于身体的拖累。他在日记中曾多次对自己的"少白头"发出种种感叹，认为自己年华老去。[1]

更有趣的是，顾颉刚强调自己外冷内热的"二重人格"，也即内心活动和外部表现以及生活上的笨拙和学问上的执着之间的明显差异。[2]他喜欢用各地区人的差异做比喻，如在1931年的日记中写道："我生了湖南人的感情，却具了江苏人的理智。我和广东人同其魄力，却又与江苏人同其身体。这应当怎么办？这应当怎么办？"他这段话的前句是描述自己对谭惕吾的爱慕及他们在情感上的默契，谭是湖南人，但因为他是江苏人，所以不敢明确表达自己的感情。而他的后句则指自己理想与实际之间的差距：野心像广东人那样博大，身体却如江苏人那么羸弱。三年后他又重复了上述的比喻，并说自己有"江苏人的心智"，但因为"江苏人的身体"，所以事业发展有所限制。[3]上述这些比喻是否恰当，自然另当别论，但我们需要注意的是他乐意

1　《顾颉刚日记》第二卷，第396、427、508页。

2　《自序》，《古史辨》第一册，第82页。

3　《顾颉刚日记》第二卷，第513页；第三卷，第218页。

　　　　　　　　　　　　　　下编　方法实践

强调自己的身心分离。在《古史辨·自序》中，他也有类似的表述："许多人看了我的外表，以为我是一个没有嗜欲的人，每每戏以'道学家'相呼。但我自己认识自己，我是一个多欲的人，而且是一个敢于纵欲的人。"[1]这里的"敢于纵欲"，可以指他追求生活上的享乐，如曾迷恋听戏、买书不惜代价等，但如他给北大同学俞平伯的信中所言，"纵欲"还指他在"求知"和"事业"上的不懈追求、高度期望和永不满足。[2]

再次，顾颉刚的为人处世也有特点。上面已经提到，他在后辈面前平易近人，热诚推荐、慷慨提拔他们，甚至让他们以自己的名义发表论著。比如1947年出版的《当代中国史学》一书，就基本由他的学生童书业、方诗铭写就。[3]但顾颉刚常常无法与他的同辈、同学处理好关系。他与傅斯年的关系，便是一个显著的例子。据《顾颉刚日记》所反映，他在厦门大学与鲁迅产生了矛盾，正好傅斯年回国担任了中山大学的教职，邀请他这位老同学共事。他欣然前往，但时隔不久，他就与傅大吵，闹翻了。顾的解释是：傅斯年以家长作风压他，"予性本倔强，不能受其压服，于是遂与彼破口，十五年之交谊臻于破灭"。[4]这是他在1973年的回忆，而所用"臻于破灭"颇为恰当，因为他在离开中山大学之后，与傅斯年仍然多有交往，直到1948年傅斯年离开大陆。从傅斯年那方来看，他显然很看重顾颉刚的学问，虽然两人没有共同筹建历史语言研究所，但在该所成立之后，傅邀请顾担任

1　《自序》，《古史辨》第一册，第98页。

2　《顾颉刚书信集》第二卷，第83页。

3　《顾颉刚日记》第六卷，第121页。

4　《顾颉刚日记》第二卷，第160页。

通信研究员的职务，也一直希望他离开燕京大学，到北大担任全职。但《顾颉刚日记》中则对傅多有微言，几次提到与傅"绝交"，受不了傅对他的评价。同样，顾颉刚对自己推荐、提拔的钱穆，也在日记中表达出种种批评。而他对罗常培、罗庸，则几乎可以用"恨之入骨"来形容，认为他们奸佞、狡猾、品格低下。[1] 现在的学者很难对上述这些人及其与顾颉刚的关系做出公正的评价，因为我们只有顾颉刚的一面之词。而顾的日记也反映出，他对同辈学人所做的负面评价，有的源自他亲身经历（比如潘家洵和傅斯年），有的则是道听途说，由别人转述而产生，而他听信了别人的闲话，对昔年的老友做出种种批评。这点从表面上看，似乎让人觉得顾颉刚轻信他人，但其实恰恰反映出他性格多疑、争强好胜的一面，使他愿意相信别人对这些朋友的批评。

其实顾颉刚争强好胜的性格不但影响了他与同学、同辈的友情，而且也在他对老师的态度上有所反映。顾颉刚与胡适的关系就是一个很好的例子。作为胡适的学生，毕业之后又成为胡的研究助理，顾颉刚对胡适十分崇敬。他在《古史辨·自序》中就指出胡适在北大开设的"中国哲学史"课程，让他更有了"上古史靠不住"的信念。[2] 在信奉胡适的观点之外，顾更佩服胡适的聪明。1919年他在日记中写道："下午读胡适之先生之《周秦诸子进化论》，我佩服极了。"两年后他给殷履安的信中也说，羡慕胡适，自惭形秽，"想想他只大得我三岁，为什么我不能及他？"[3] 在约三十年之后的1947年，

1　《顾颉刚日记》第二卷，第222、281页；第四卷，第206、224、271、743—744页。

2　《自序》，《古史辨》第一册，第36页。

3　《顾颉刚书信集》第四卷，第329页。

　　　　　　　　　　　　　下编　方法实践

他因病得闲，又花了六天时间重读胡适的《中国哲学史大纲》上卷，"觉其澈骨聪明，依然追攀不上。想不到古代哲学材料，二千年来未能建一系统者，乃贯穿于一二十七、八岁之青年，非天才乎！"[1]顾颉刚发出这样的感叹，是因为在他发起了"古史辨"的讨论之后，常有人说他的成就超过了胡适。他在1929年、1930年的日记中对此都有记载，提到别人认为他"重开吴派"，成就超过了胡适，成为国学三派的领袖之一，与章太炎、王国维并称。顾认为这些评语是"捧杀"他，只会让他遭人嫉妒。[2]但结合他对胡适的评价，显然他也有与胡适争胜的一面。余英时读了《顾颉刚日记》之后，对顾与胡的关系做了剖析，认为顾在晚年否认胡适对他疑古思想的影响，并不完全出于政治运动的压力，也有他的真实想法在内。[3]笔者同意余先生的看法，并想说顾争强好胜的性格，亦是一个重要的原因。至于他说到自己遭人嫉妒，其日记中对此记载很多，也从侧面显示出他性格多疑的一面。

综上所述，我们可以归纳出顾颉刚心理和性格的三大特点：（1）他有比较突出的二重人格，不但外冷内热，而且还有外柔内刚、桀骜不驯、倔强叛逆的一面；（2）如他自己所言，他"好大喜功"，对自己有很高，甚至太高的期望，因而对自己的成就永不满足，并为此目的努力培植自己的势力；（3）他特别争强好胜，由此而对他人，特别是同辈的成功人士，多有猜忌和怀疑，常常无法处理好与他们的关系，造成友情破裂等。

1　《顾颉刚日记》第一卷，第73页和第六卷，第138页。

2　《顾颉刚日记》第二卷，第272—273，446页。

3　余英时：《未尽的才情》，自第28页以降。

三、顾颉刚的口吃与"德摩斯梯尼情结"

　　笔者认为，上述顾颉刚的这些性格、心理特征，如果参照现有对口吃者的研究，可以得出一个新的和比较有启发性的解读与分析。首先，在常人看来，口吃者似乎只是讲话不流利、不善表达而已，但因为讲话、与人交流是人的最基本活动之一，这方面有障碍其实会对口吃者的心理和性格造成重大影响。我们上面已经提到，口吃患者的最大挑战是"预期挣扎的反应"，也即患者在几乎每次开口的时候，都要经过一次心理的挣扎和搏斗："这次说话我是否会口吃？""如果口吃，他们会不会笑我？""要不要开口，或许就不说了，以免自取其辱？"如此种种的疑问和心理活动，在非口吃者身上不会出现，而口吃者则无可避免，必须时时面对，找出应对的方法。而麻烦的是，上述这些心理挣扎，恰恰造成了口吃，也就是说，一个口吃者在这些方面考虑越多，反而越会造成说话的困难——结巴、停顿、重复，甚至说不出话等。这就是"预期挣扎的反应"的理论所总结的。因此不少研究已经指出，口吃者在熟人面前，往往表达要流利一些，因为他知道对方已经知道自己口吃，所以说话的时候反而没有什么心理顾虑，加上口吃者其实并无说话的生理障碍，因此在表达上就会比在生人面前和公众场合要顺畅得多。也有研究指出，许多口吃者到了50岁之后，口吃的症状会有明显减轻，甚至消失，"因为这个时候，他们对口吃不在乎了，谈婚论嫁的年纪早已过去，第三代也有了；快要退休了，也没有机会晋升了，说话的连贯与否对他们也不重要了。持有这种心态，久而久之，口吃的问题也就消失了"。 美国口吃协会的研究这样总结："从心理方面而言, 口吃大体上是由于口吃者不惜一切代价避免口吃所引起的。换言之, 它是口吃者对自己开的一个令人难以置信的玩笑。"一言以蔽之, "如果你觉得自己绝不能口吃, 你就一定会口吃"。[1]

以顾颉刚为例, 他在年轻的时候为口吃所困扰, 显示出比较典型的口吃者的心理特征。他虽然在《古史辨·自序》中责怪儿时的私塾老师造成自己的口吃, 而之后在通信和日记中, 则很少提及自己有口吃的障碍, 这表示他在心理上竭力想避免口吃。不过其日记还是间接披露了口吃给他带来的不便、尴尬, 甚至难堪。譬如1930年12月16日, 他记道: "清华史学会一定要邀我演讲, 而我既讷于口, 且以南归在即不能预备, 只得随便敷衍了半小时。"一般演讲都会有一小时以上, 而他讲了半小时就草草收场, 可能就是因为情绪紧张、口吃严重而无法完场。翌年他到青岛大学, 推脱不过, 做了一次讲演。他在日记中记道: "我毕竟不是一个能演讲的人, 今日费时虽多, 但听众无甚兴味。先走者甚多。我想, 即以此为我演讲的末次吧!"不过演讲可以拒绝, 上课却不能, 所以他采取了服镇静药的办法。1932年他到北大上"中国通史"课, 听者有两百余人。"予性太急, 深恐说得太快, 故服Adalin (一种常用的镇静剂——作者注) 以镇服之。"1934年, 他在杭州与谭惕吾频繁来往, 感情有所发展。11月12日的日记写道: "健常近日以天气潮湿, 颇不舒服, 夜中频发热, 今日午饭只吃一碗, 饭后作呕欲吐, 自提颈痧三道, 思及身世, 泪又盈睫。予甚欲慰之而苦于不能, 只得早归矣。"[2]他挚爱的谭惕吾在他面

1　姚鑫山: 《口吃的心理治疗》, 上海: 上海科学技术出版社, 2003年, 第14—15页; Malcolm Fraser, *Self-Therapy for the Stutterer*, p. 19, 16。
2　《顾颉刚日记》第二卷, 第469、529、701页; 第三卷, 第259页。

前流泪,并吐露了自己的身世,常人在相似的场合一定会对之表示安慰和抚惜,而他却因为口吃连话也说不出来,只能抛下她一个人悻悻然回家。对顾颉刚而言,这必然是一次难堪、苦痛的经历。不过,顾到了50岁之后似乎口吃明显有所好转。1946年他应邀在新夫人张静秋的老家徐州做了两次讲演,时间都长达两个小时。1948年兰州大学校长辛树帜邀请顾颉刚讲学数月,顾讲得顺畅自如,似乎完全克服了自己口吃的毛病。他给妻子张静秋写信,自谓成了该校授课的"大名角",上课的时候不但讲堂里黑压压的一大片,而且还有包括辛校长在内的兰大老师和校外人士旁听,因为"兰州人当我一尊神佛"。[1]

口吃者时时刻刻为自己的口吃而烦恼,因此心理上与不口吃者形成一些显著的不同。已有的研究表明,"口吃人群中强迫症、人际敏感性、焦虑三项项目的比例很高"。[2]顾颉刚虽然不喜欢口头表达,但他对自己的书面文字显然十分看重,而且一再推敲修改,显示出一种追求完美的强迫症。据其日记所记,在写作《古史辨·自序》的时候,他边写边改多次。多年之后,他又会将这篇文字重新拿出来展读。而他对别人文字功夫不好,也会十分敏感,批评相当严厉,包括对他的继子顾德辉。[3]顾颉刚与平辈难处好关系,显示出他的人际敏感性。对于他的焦虑和紧张,其室友和同窗傅斯年十分了解。有次傅读到一篇由他署名的文章,立即就觉得不是顾颉刚所做。顾问他为什么,傅的回答是:"子所做无论文言白话皆紧张,而兹作不然,所以知之。"顾

---

1 《顾颉刚日记》第五卷,第650—651页;《顾颉刚书信集》第五卷,第233—234、239、281页。

2 姚鑫山:《口吃的心理治疗》,第11—12页。

3 《顾颉刚日记》第四卷,第534、536页;第六卷,第166页。

颉刚说:"孟真目力之锐自是可佩。"[1]这里虽然说的是书面文字,但傅斯年对顾颉刚的焦虑情绪,的确有十分透彻的了解。另外,口吃的研究也表明,口吃者的偏执、压抑、敌对情绪和恐惧的比例也相对不口吃者高一些。这些都有助于解释顾颉刚与朋友关系难处的原因。

上面已经提到,弗洛伊德也许是最早从心理分析的角度研究口吃者的。弗洛伊德之后的德国精神分析学家凯伦·霍妮(Karen Horney, 1885—1952)对青少年的心理形成及其特征,提出了自己独特的理论,并挑战了弗洛伊德的许多观点。霍妮虽然不专门研究口吃者的心理,但其理论对口吃的研究者颇有影响。譬如美国学者多米尼克·巴巴拉(Dominick Barbara)就吸收和采用了霍妮的许多研究成果,对口吃者的心理做了详尽的分析。巴巴拉本人是一位医生,也是一位口吃患者。他的研究指出,口吃者有一种特殊的心理情结,他称之为"德摩斯梯尼情结"(Demosthenes complex),用古希腊那位克服了口吃的著名演说家命名。他说,如凯伦·霍妮发现的那样,一般人在青少年时代,会出现一种"自我美化"(self-idealization)的现象,认为自己已经长大成人,不用再听从父母和长辈的指示与教诲了。这一"自我美化",会导致青少年期常出现的反叛行为。但巴巴拉认为,口吃者会从"自我美化"过渡到"自我神话"(self-glorification),也就是知道自己说话有障碍,却特别想在其他方面,尤其是智力方面做到与众不同、出类拔萃,因此格外努力、追求完美,希望自己能像德摩斯梯尼那样,克服说话的障碍,成功逆袭,成为受人尊敬的人物。

---

1 《顾颉刚日记》第三卷,第372页。

由于口吃者有比一般人更强的愿望追求成功和荣光，因此巴巴拉认为其心理又具有下列主要的特征。一是他们渴求一种"复仇式的成就"（vindictive triumph），认为自己虽有不足，但这是上天对他们的挑战和考验，自己如果格外努力则完全可以克服。因此他们对自身要求特别高，又特别努力，表现出自我中心和自恋自大的特征。二是他们高度敏感、容易生气和多疑，常常将周围的人视作"假想敌"或假想的竞争者，于是特别反感任何形式的压迫和强制，性格格外倔强和执拗。三是他们对自己的能力有不切实际的设想，认为自己几乎有魔力，能做到一般人做不到的事情，于是全身心投入，又特别仔细认真、一丝不苟，因此表面上对旁人客气、友好，心里实则要求甚高，常常不满意他人的工作。其结果就是事必躬亲，一直处于奔波劳累、疲惫不堪的状态。[1]

多米尼克·巴巴拉所总结的这些口吃者的心理行为，在顾颉刚身上几乎都能找到十分典型的表现。由于篇幅所限，下面只举几个主要的方面加以分析、论证，希望能就这些心理行为来帮助读者理解顾颉刚之提倡"疑古史学"。第一，顾颉刚有比较明显的自恋倾向。他在年轻的时候受制于口吃，无法顺畅地口头表达，又误认为自己记忆力差，因此思想交流更倾向于诉诸笔墨。他不但与老师胡适、钱玄同用通信的形式频繁交流自己疑古的思想，而且乐意与他的批评者刘掞黎、胡堇人等进行笔战，将刘、胡的来信和文章在《古史辨》中全文刊出。在两人先后于1933、1934年去世的时候，他还特别惋惜：

---

1 Dominick Barbara, *Stuttering: A Psychodynamic Approach to Its Understanding and Treatment*, New York: The Julia Press, 1954, pp. 80–139.

"悉刘楚贤君（掞黎）于本年阴历七月初八日卒，年仅三十六，学未能成，可悲也。胡堇人君亦于前年死矣。十余年间，遂零落至此！"[1]而顾颉刚花几个月时间写作《古史辨·自序》的长文，反复修改，并在之后常常自己展读，也给别人（特别是他喜爱的谭惕吾和后来的妻子张静秋）读，或许是他自恋倾向最明显的例子。[2]《古史辨·自序》中一五一十地交代自己从小到大的心理、智力发展过程，详细解释自己如何反复思考得出古代史不可信的结论，又仔细说明自己的方法和取径如何与康有为、章太炎和胡适等不同，而到了文末，他又向读者细细交代了自己今后的学术规划和努力方向。上述这些行为，十分符合一个自恋者的心理特点。用"自恋"来形容顾颉刚性格的一个方面，似乎过于负面。虽然"自恋"这个字眼让人觉得不太舒服，但其内涵还有对自己高度期许的一面。成功人士其实大多对自己要求甚高、甚严，顾颉刚也不例外。

顾颉刚在日记中不厌其烦地记录自己失眠、神经衰弱和便秘，其实也可以视为他自恋、自我中心的重要表现。更广义一点说，他详细地记录自己的日常起居生活，并常常将自己的日记制成大事年表，都与他的自恋倾向有些关系。当然有人也许会说，为什么他愿意让后人知道这么多他的隐私，似乎不可思议。其实答案并不难理解，那就是他在生活中的确为这些别人看来细小的琐事所困扰，因此必须将之记录下来，不吐不快。这一举动反映的是自我中心、自我重要压倒一切的心理。江勇振在其胡适研究中，也指出胡适在其日记

---

1 《顾颉刚日记》第三卷，第398页。

2 《顾颉刚日记》第一卷，第728—732页；第五卷，第241页。

和与友人的通信中，会详细地讲述自己由于痔疮而肛门脓肿、排便困难，包括肛门如何发脓、出血、破裂等现象。江用弗洛伊德的理论来解释说，胡适具有一种肛门偏执狂，背后反映的是他写作的焦虑，因为"排便的行为，可以被我们的下意识诠释为损失或盈利——亦即，生产以及创作"。江勇振进一步借用弗洛伊德的理论说，胡适是"肛门型的人"，具有"有条不紊、节俭、固执的性格特色"。[1]胡适显然并不口吃，江勇振这里的分析只能作为参考。但美国心理医生彼得·格劳伯（I. Peter Glauber）总结了弗洛伊德心理分析学对口吃研究的贡献，认为口吃者具有自恋的心理特征，也有肛门性虐（anal-sadistic）者的特点。[2]顾颉刚对便秘十分在意，而一旦排便顺畅就十分满足，立即在日记中记录下来，显现出他似乎也具有这一心理特征。

第二，顾颉刚有做事有条不紊的方面，但更重要的一面是他的倔强固执、坚持己见，不愿受到任何压迫。上面已经提到他在中山大学工作的时候，感到傅斯年以家长作风压他，便宁愿与这位友情甚厚的老同学翻脸。他在之后的日记中，多次提到傅斯年作风霸道，认为他骄横必败。[3]其实他的敏感多疑，自小就有。他的《古史辨·自序》中提到他初入小学的时候，对老师印象甚好，但不久就觉得不行了。用

1　江勇振：《舍我其谁：胡适》，第二部《日正当中1917—1927》，杭州：浙江人民出版社，2013年，下篇第116—119页；引语在第118页。

2　I. Peter Glauber, "Freud's Contribution on Stuttering: Their Relation to Some Current Insights," *Journal of the American Psychoanalytic Association,* vol. 6, no. 2, 1958, pp. 326-347.

3　《顾颉刚日记》第二卷，第281页记道："孟真盛气相凌，我无所求于彼，将谓可用架子压倒我耶！其为人如此，一二年中必见其败矣。书此待验。"1973年他又补记道："此预言并未验，孟真纵横捭阖，在旧社会中固可立于不败之地者。到全国解放，他方逃出大陆，死在台湾，此则真败耳！"

他自己的话说："我的桀骜不驯的本性又忍不住要发展了，我渐渐对于教员不信任了。我觉得这些教员对于所教的功课并没有心得，他们只会随顺了教科书的字句而敷衍。教科书的字句我既已看得懂，又何劳他们费力解释！"到北大上学之后，他有机会旁听章太炎的讲学，起初也十分钦佩章，"自愿实心实愿地做他的学徒，从他的言论中认识学问的伟大"。然而几年之后，他对"太炎先生的爱敬之心更低落了"，认为他虽然"薄致用而重求是"，但同时又受制于古文家的传统，所以认定章"只是一个从经师改装的学者！"之后他的治学又受到了康有为、崔述和胡适的许多影响，但他对康和崔两人也渐渐产生了怀疑，认为他们都"糅杂了先入为主的成见"。顾颉刚在1919年给妻子殷履安写信，也强调"疑惑"的重要，指出一个人有了"疑惑"，才会去思想和推测，然后通过"实验"来检测真相。此处的说法，显然有胡适介绍的杜威"实验主义"的影子，但也显示顾希望独立思考，不盲从他人。从北大毕业之后，顾曾到上海商务印书馆担任编辑，但一段时间之后，他就这样写道："我是一个生性倔强的人，只能做自己愿意做的事情而不能听从任何人的指挥的。"于是他就从商务印书馆辞职回到了北大，宁愿接受较低的薪资而在北大图书馆、国学门任助理，以享有更多自己支配的时间。[1]

顾颉刚的"疑古史学"，与他的老师钱玄同、胡适关系甚大。他对这两位老师也执礼甚恭，似乎没有表现出反叛的一面。钱玄同于1939年便与世长辞，顾得知之后，认为钱身体不好，"早料有此，惟未

---

1 《自序》，《古史辨》第一册，第12—36，41—57页。顾颉刚给殷履安的信见《顾颉刚书信集》第四卷，第34页。

尽其才，太觉可惜耳"。两个月之后，他又梦见了钱，"态度阳阳如平时，予不能忍，抱而哭之，遂醒"。[1]可见他对钱的提携，颇怀感情。顾颉刚对胡适，虽然也一直恭敬有加，从不违师生之谊，但上面已经提到，顾颉刚有与胡适争胜的心理，同时他也对胡适与他的关系多有猜疑，特别是胡适在1929年表示他不再"疑古"，而要"信古"之后。顾颉刚在晚年写作的《我是怎样编写〈古史辨〉的?》一文中这样描述，在听了胡适要"信古"的话之后，他"出了一身冷汗，想不出他的思想为什么会突然改变的原因"。[2]用余英时的话来形容两人的关系：顾颉刚"'疑心生暗鬼'的心理也使他和胡适的关系蒙上了一层阴影"。顾在1931年给胡适写信，没有及时收到回信，便起了疑心，认为别人在胡面前说了他的坏话。1949年4月，胡适离开中国大陆之前，曾在上海逗留了两个月，顾颉刚记道："适之先生来沪两月，对我曾无一亲切之语，知见外矣。北大同学在彼面前破坏我者必多，宜有此结果也。"[3]顾颉刚与胡适的这层关系，至少透露了顾心理的两个方面，一是他的多疑和猜忌，二是相对胡适，顾的思想始终如一，疑古立场不曾改变，体现出他执拗、倔强的性格。

　　第三，顾颉刚不但执拗倔强，而且自视甚高，认为自己可以实现许多目标，因此他从学生时代开始，就喜欢制定计划，希望能帮助自己获得更大的成功，以致为老同学傅斯年所讥笑。顾自己指出，他与傅斯年没能继续共事，就是因为他们俩办事的方法很不同。他"什么东西都喜欢画了表格来办"，而傅则"言不必信，行不必果，太无轨

1　《顾颉刚日记》第四卷，第191、207页。

2　顾颉刚：《我是怎样编写〈古史辨〉的?》，《古史辨》第一册，第13页。

3　《顾颉刚日记》第二卷，第560页；余英时：《未尽的才情》，第46—49页。

下编　方法实践

道"。他女儿顾潮却认为父亲太过死板，而傅斯年办事则有灵活性。[1]
《顾颉刚日记》中不断出现他制定的研究、出版计划，一直持续到他的晚年，无怪顾认为自己将大器晚成了。顾颉刚认为自己晚成，并不表示他自视不高，其实正好相反：他认为自己有超出常人的能力，为许多人所难以企及。顾在1930年的日记中写道："诸妒予者皆以予得名太骤，孰知予致疾痛之多乎！诸君如能有此'干'的精神，何虑不如予也！"他心里其实觉得，与自己相比，别人做不到像他这样的。1944年，他在复旦任教，得知学生杨廷福（1920—1984）仅21岁便写出了《中国韵文史》，认为他是"不可多得的人才"。妻子张静秋问他21岁的时候如何，顾拿出自己22岁时写的《古今伪书考》，然后说："比较之下，予能作批评，能发问题，而杨君则平铺直叙，一教科书耳，一点鬼簿耳。复看《古史辨》中诸文，皆予卅岁左右所作，才气横溢，一身是胆，今不如矣。"[2]顾颉刚之自恋自大、争强好胜的性格，在此展露无遗。他不但与别人攀比，而且还与从前的自己相比，充分表现出他的倔强好胜，用老当益壮的成语来形容，似乎都还远远不够。

顾颉刚研究、出版计划庞大，多次形容自己"好大喜功"和"贪多务得"，因此日记中常记载他心力交瘁、疲惫沮丧。如他在30岁出头写作《古史辨·自序》的时候就感叹："我现在忙得真苦！"[3]50多岁的时候，顾的学术事业已做出许多成绩，引起别人说他"好大喜功"，而他则回应说是"生命力充足的表现，天下的大事业那一件不是由好

1　傅斯年曾对顾颉刚说："你老是规画终身的大计，我决得定你一件也做不成的。"但顾并不以为然，一生中仍然不断制定计划。见刘起釪：《顾颉刚先生学述》，第339—340页。另见顾潮：《历劫终教志不灰》，第128—129页。

2　《顾颉刚日记》第二卷，第382页；第五卷，第240页。

3　《顾颉刚日记》第二卷，第396页和《自序》，《古史辨》第一册，第99页。

大喜功的人担当起来而获致的成功。没有秦皇、汉武的好大喜功，那有我们现在托庇的中国。没有孙中山的好大喜功，那有现在的中华民国。我胸中有不少的大计划，只苦于没有钱，没有势，久久不克实现"。[1]顾颉刚的确生命力充足，孜孜不倦、学无止境。为了执行、开展他多样、庞大而又无穷无尽的计划，顾努力培养后进，发现人才，显示出他爱才的一面。而另一个原因就是自己一个人根本无法独立操作，需要他人的帮助。对于自己欣赏的人才，顾竭力提拔，不过如果他们做事没有达到他的要求，还是会严厉批评（至少在日记中）。举例而言，谭其骧是顾颉刚组办禹贡学会时的得力助手，顾对谭颇为欣赏并努力培养。不过他在日记中也指出，谭其骧不够勤快，做事粗糙。1935年他在日记中记道："《禹贡》三卷一期寄到，错字满目，甚欲想一能任校对之人，而竟无之，不胜'才难'之叹。季龙（谭其骧字——作者注）为何如此不中用？"之后顾请了张佩苍来帮他校对《禹贡》杂志，"觉其心粗甚，决不能任此事，予只得自劳矣。噫，才难如此！"[2]上面已经说过，顾颉刚口拙，而对书面文字的要求特别高。他做事又十分精细，别人做事不达标准，就必然事必躬亲，于是常常忙得焦头烂额。

行文至此，我们可以比较清楚地看出，顾颉刚具有一个口吃者比较典型的心理、性格特征，并在其为人和治学上有明显的体现。笔者做文指出、讨论和分析这些方面，绝无不敬之意，相反，笔者对顾颉刚这位乡贤前辈充满尊敬。本文写作的目的是指出学者治学及其成就，

1　《顾颉刚书信集》第五卷，第269页。

2　《顾颉刚日记》第二卷，第571、718页；第三卷，第318、404页。

下编　方法实践

除了受到时代氛围、思想观念的影响之外，更有个人的心理、性格乃至情感的因素在内。顾颉刚自小为口吃所困，给他的一生都带来不便，但笔者希望通过本文指出，他在学术上所获得的巨大成功，除了现有论著已经注意到的五四新文化、反封建运动的影响，又在一定程度上与其幼年生活、家庭关系和个人经历等形成的种种心理、性格特征，形成一种有意思的联系，值得后人重视。本文希图抛砖引玉，对此做一些初步的探索，但笔者并不认为上述因素是顾颉刚获取巨大学术成就的唯一成因。弗洛伊德的心理分析方法，其特点是用一些似乎负面的词汇来形容一个人的心理特征，如恋父、恋母情结等，并有将所有的人都视为精神病人的倾向。但它的贡献在于让人看到一个人行为背后之潜在而深层的心理、精神和性格因素。就顾颉刚而言，他的多疑和猜忌，使他不人云亦云，力求独立思考，而他的倔强执拗，则有助于形成其反叛性格，挑战中国传统的古史观念，坚持不懈、不遗余力。他的自恋自大，导致他全身心投入学术，有一种"亦余心之所善兮，虽九死其犹未悔"的决心和决断。而他的好大喜功，则让他聚集人才，建立起了自己的学派，助其"疑古史学"成为中国近现代史学中的一个意义深远的流派。我们今天研究顾颉刚，不仅要注重他学术上的地位和影响，更应分析、怀念他的人格和学品，对他治学和为人有一个更为全面的认知。

顾颉刚及其"疑古史学"再释
——试从父子情感的角度分析[*]

2023年是顾颉刚先生诞辰130周年。在他四十多年前去世之际,其弟子杨向奎先生曾撰文纪念,针对顾先生发动的"古史辨"讨论,写下了这么一段评论:

> 顾先生说自己是一个热情的人,不会向消极方面走去而至信佛求寂灭的,他总想以心理学和社会学为基础而解决人生问题。……但他说他的学术野心未免太高了,要整理国故就想用一个人的力量去整理清楚,要认识宇宙和人生就想凭了一时的勇气去寻讨最高的原理……人之所以为人本只要发展他的内心的感情,理智不过是要求达到情感的需求时的一种帮助,并没有独立的地位。不幸,人类没有求知的力量而有求知的欲望,要勉强做不能做的事情,于是离了情感而言理智,但这仅仅是一种虚

---

[*] 本文原刊于《河北学刊》,2023年第5期,发表时题为"顾颉刚及其'疑古史学'再释——试从父子情感角度分析"。

妄而已,实际上何曾真能探得宇宙的神秘。[1]

　　杨先生的评论,主要指出了两点,一是顾先生发动"古史辨"的讨论,与辛亥革命之后知识界对袁世凯复古风气的不满有重要的关联。二是顾先生在开启和从事这一被胡适称作"中国古史学上"继崔述之后的"第二次革命"时,[2]既有理智的探寻,更有情感的驱动。

　　其实顾颉刚本人在回溯自己的这段早年经历的时候,也屡次承认自己的作为,其中掺杂了不少情感的成分。比如他在洋洋洒洒六万多字的《古史辨·自序》中,说到自己在中学的时代,"我的情感像火一般的旺烈,像浪一般的激涌"。而上面杨先生有关顾先生情感和理智关系的评论,本来就是顾先生自己的说法。顾颉刚在《古史辨·自序》中说道:"人之所以为人,本只要发展他的内心的情感;理智不过是要求达到情感的需求时的一种帮助,并没有独立的地位。不幸人类没有求知的力量而有求知的欲望,要勉强做不能做的事情,于是离了情感而言理智,但是这仅仅是一种妄想而已,仅是聊以自慰而已。"换言之,顾颉刚之推动有关中国古史真伪的讨论,与他情感波动有很重要的关系——他甚至认为人在做事的时候,主要为的是满足情感的需要,而理智只是一种手段。他本人研究古史,在古书中流连忘返,一方面享受了"真快乐",另一方面则又因为"我的心中只压着沉重的痛苦和悲哀"。[3]毋庸赘言,快乐、痛苦和悲哀都是十分常见的人之

1　顾潮编:《顾颉刚学记》,北京:生活·读书·新知三联书店,2002年,第68页。

2　同上书,第214页。

3　顾颉刚:《古史辨自序》,石家庄:河北教育出版社,2003年,第34、50、96—99页。

情感。

可是，为什么顾颉刚在20世纪20年代，会同时经历快乐、痛苦和悲哀，然后通过"古史辨"的讨论而抒发这些情感、获得解脱呢？以前者而言，许多读书人都或许可以理解在学海遨游、偶有所得的时候，的确可以享受其中的快乐。而有关后者，顾颉刚与当时所有的进步人士一样，对辛亥革命之后的文化倒退行为，自有深恶痛疾的感受。但笔者认为，顾颉刚那时的苦痛和悲哀，还有一层重要的个人原因，即他对他父亲和家庭的一种反叛和反抗。本文的写作，便是想以此为主题，讨论一下顾颉刚与其父亲紧张和对立的情感关系，进而对他发动"古史辨"的讨论，提供一个情感考察的视角，同时亦为情感史的研究，补充一个实例。

一、父亲的"缺席"

上面已经提到，顾颉刚曾经对自己发起"古史辨"的讨论及之后的治学生涯，做过多次回顾，同时也乐意将自己的思想变化、治学经验和情感起伏，坦诚地告诉读者。多卷本《顾颉刚日记》出版之后，我们更能一窥顾颉刚内心丰富的情感世界，譬如他与胡适、钱玄同、傅斯年、钱穆等师友的交往及对他们的多重情感变化，还有他对谭慕愚长达几十年始终不变的情愫。值得注意的是，顾颉刚在这些自述中，经常提到自己是一个桀骜不驯的人，富有反叛精神。比如他在《古史辨·自序》中回顾自己的少年、青年时代，就直陈"我是一个生性倔强的人，只能做自己愿意做的事情而不能听从任何人的指挥的"。然后在下面他又再次强调："我是一个桀骜不驯的人，不肯随便听信他人的话，受他人的管束。"[1] 1926年他的北大同学和老友傅斯年回国之后，在中山大学任教，延聘顾颉刚与其共事，一同创办了《中山大学语言历史研究所周刊》，是后来《中央研究院历史语言研究所集刊》的前身，两人之间一度合作无间。傅斯年虽有领导才干，但脾气急躁，而顾颉刚也个性倔强，所以两人终至闹翻。顾颉刚在1928年4月29日的日记中记道："孟真不愿我不办事，又不愿我太管事，故意见遂相左，今晚遂至破口大骂。"1973年顾颉刚整理其日记，又做了这样的补充："孟真乃以家长作风凌我，复疑我欲培养一班青年以夺其所长之权。予性本倔强，不能受其压服，于是遂与彼破口，十五年之交谊臻于破灭。"[2]

从顾颉刚留下的多部自传来看，他出身苏州一户书香门第，虽然很早失去了母亲，自己从小也有点体弱多病，但成长的过程中一直受到他嗣祖母的细心呵护，直到结婚和去北大读书为止。顾颉刚自己也承认，他有着"苏州人的性格"，也即"苏州人是最和平的，怕起风波，但求安安逸逸地过生活"。他在《古史辨·自序》的开篇讲到他性格的时候，也写道："我也知道，我是一个很胆小的人。"所以读者很难想象他是一个桀骜不驯、富有反抗精神的人。但笔者认为，上述这些均是一种表面现象，而如顾颉刚自己指出的那样，他其实一直有一种"二重人格"，大致可以理解为表面上柔和，但内心刚强。他在《古史辨·自序》中做了生动的描述："我的生性是非常桀骜不驯的，虽是受了很严厉的家庭教育和私塾教育的压抑，把我的外貌变得十分柔

1　顾颉刚:《古史辨自序》，石家庄:河北教育出版社，2003年，第71、94页。
2　《顾颉刚日记》第二卷，第159—160页。

和卑下，但终不能摧折我的内心的分毫。所以我的行事专喜自作主张，不听人家的指挥。"笔者以为，顾颉刚发动"古史辨"，敢冒天下之大不韪，丢出"轰炸中国古史的一个原子弹"，将那时中国人对古代历史的认知，几乎拦腰斩断，显然与他倔强不屈、敢于反叛这一个性侧面有关。[1]而这一个性的形成，如果从他和其父子虬公的关系来看，或许可以略见其中的端倪。

饶有兴味的是，顾颉刚虽然乐意回顾自己的生平，但提到他父亲的时候，明显有一种敬而远之的态度。譬如他在《顾颉刚自传》（原名《玉渊潭忆往》）中，专门回忆了他与祖父和祖母的亲情，但没有特别对其双亲做一回忆。如上所述，顾颉刚的母亲早逝，或许情有可原，但他父亲子虬公一直活到抗战开始之后才过世，得寿69岁，而顾颉刚又是其独子，两人之间应该有足够的交往可以让顾颉刚写一富有情感的回忆，但他没有。《顾颉刚全集》中，收入了他有关其父亲的两篇东西，一是为子虬公六十大寿写的贺词，二是为子虬公写的讣告，后面附有《先父行述》。前者用文言文写成，题为"家严事略"，其中对其父有这样的形容："盖家严为人，处己以俭，服务以勤，对人以诚，一夫不获常若歉然，人有侮犯则漫然置之，宁屈己而不肯屈人，宁逸人而不可自逸，故为上峰所倚重，属僚所爱戴。"他虽然在这里赞美父亲，但语气有点公事公办。后者提到了子虬公退休之后，他们父子之间的交往："颉刚前年迎养北平，每伴游故宫博物院、古物陈列所及厂市诸肆，顾而乐之，精神转觉康强。"[2]但他的口吻仍然带有一点旁观

1　《我是怎样编写〈古史辨〉的?》，《古史辨》第一册，第17—18页;《古史辨自序》，第21、25页;顾颉刚:《顾颉刚自传》，北京: 北京大学出版社，2012年，第148页;《顾颉刚学记》，第213页。
2　顾颉刚:《顾颉刚全集》第三十八卷，北京: 中华书局，2010年，第255、275页。

下编　方法实践

者的味道。顾颉刚在日记中所有提到其父的地方, 一律尊称为"父大人"。这个称谓在当时应该颇为常用, 但也可从侧面看出他对父亲, 显然尊敬大于亲密。

值得指出的是, 顾颉刚虽然尊敬父亲, 但并不一定遵从其意志。如同下述, 两人之间发生过数次冲突, 导致矛盾激化, 最后分道扬镳。如果说顾颉刚自小就有不甘屈服甚而竭力反抗的一面, 那或许首先就表现在对其长辈, 尤其是父亲的态度上。当然, 顾颉刚对其父亲, 自然还有较深的父子之情, 也愿意承认受其某些方面的影响, 比如他性格上的"强烈的责任心"便认为来自父亲。子虬公去世的时候, 顾颉刚正在云南考察, 因为战事的缘故, 无法回苏州为其父送终。他后来与其女儿们讲起此事, 仍然"泪下盈睫"。不过, 他最终没有与父亲做最后的道别, 显示他在情感上有着某种抵触情绪, 值得在下面再做讨论。这里先引顾颉刚女儿顾潮对其父和祖父关系的分析: "在他这个四世同堂的大家庭里, 子虬公自是爱他的, 只是他从小就被子虬公的积威所压服, 现在成了习惯, 自己的心思无从与其沟通, 何况父子两人所处社会有新旧的差异, 观念上自然多有冲突, 又加上继母的谗言, 因此他对于其父甚为疏远。"[1]笔者认为, 顾颉刚与其父亲既疏又亲、既从又抗的复杂情感联系, 或许有助于理解他"双重人格"的渊源: 表面温良、恭顺, 实则倔强、自主的特征。

顾颉刚为其父子虬公写的回忆虽然简短, 不过我们还是可以通

---

1 《顾颉刚学记》, 第303页; 顾潮:《历劫终教志不灰: 我的父亲顾颉刚》, 第43—44页。顾颉刚本人虽然没有许多回忆其父的文章, 但他给朋友的书信和日记中, 零星提到了自己对父亲的感情。比如他在1920年给罗家伦的信中写道, 他能感受父亲和家人的爱, 所以"同旧家庭抵抗"对他而言比较困难。《顾颉刚书信集》第一卷, 北京: 中华书局, 2011年, 第240页。

过现有的材料，基本了解他父亲的生平事迹。顾颉刚的父亲名柏年，字贞白，号子虬，1870年生于苏州。顾颉刚的家族，也即顾姓人家在江南地区历史悠久，属于苏州地区的大户人家，以前出了不少名人。他家直系的家谱自明代成化年间就已开始，没有间断。顾颉刚在自传中，用三次"大转变"来叙述其先祖的事迹。第一次是从昆山旁边的唯亭迁到苏州城里，成了城里人。第二次是在清朝初年的时候，其先祖中了进士，由此入仕，其后的子孙基本都有功名，由此而成书香门第，被康熙皇帝誉为"江南第一读书人家"。第三次则是在之后遭了厄运，家道中落，从富宦之家降为平民，搬到了悬桥巷的宅院。以上的这些事情，既然顾颉刚知道得一清二楚，那么他父亲子虬公应该更是明白。总结起来看，他们家曾有辉煌的历史，清朝开始之后一路向上，但后期遇到了挫折，走向了衰落，需要他们重振家门。

虽然家道中衰，但还是诗礼之家。顾颉刚祖父辈的两位兄弟，均中了秀才。在太平天国期间，一个经营药铺，一个成了幕宾，逐渐艰难地恢复了家业。顾颉刚的父辈也有两位兄弟，子虬公年长，因为他的伯父没有子嗣，所以在16岁的时候便过继成其子。顾颉刚所敬爱的祖母，实际是他的嗣祖母，也即他父亲的嗣母，而他笔下的祖父，则是他的亲生祖父（他称为"本生祖父"），因为他的嗣祖父在为子虬公娶了媳妇之后，很快就过世了。子虬公读书也好，像顾颉刚的两位祖父一样很早就中了秀才。但因为父亲过世早，他必须挣钱养家。顾颉刚这么形容："我父正在少年，无力养家，勉强托人介绍到蒙养义塾教书，一年工资才得三十千文。苏州有三个书院——紫阳书院、平江书院、正谊书院——我的父亲拼命作文应考，虽然名第很高，可是奖金有限，无力应付家用。"所以在顾颉刚出生的时候，其父戒掉了嗜酒

　　　　　　　　　　　　下编　方法实践

的习惯，离家去了山东，在苏州同乡潘子牧任知府的武定府做幕僚，薪酬涨至七十余千文。[1]

换言之，如果清朝一仍其旧，继续科举取士，那么子虬公凭其才学和用功，有可能学而优则仕，还是会走上仕途的。1898年，清朝实行变法，成立了京师大学堂。1900年因义和团运动有所中断，但之后清朝实施"新政"，京师大学堂恢复招生，到各省招考。顾颉刚回忆道："我的父亲是一个廪生，被府学里招去考试，取上了，要他即刻到北京读书，但他觉得家庭的一副担子放不下"，写了一个"亲老待养，子幼待教"的禀帖，希望免行，但没有获得批准。于是子虬公去了北京，上了京师大学堂。他选择的是师范馆，因为觉得自己年纪偏大，"算学和外国文字学不好"。[2]但我认为他的选择还是可能与其所负的家庭责任有关，因为师范毕业生就业相对容易和稳当。

子虬公后来在京师大学堂退学，亦表明他看重自己承担的家庭责任。顾颉刚记道："大约经过了一年半的时间，我的父亲回来了，回来的理由是学校里的膏火金不多（那时大学中每个学生都受政府津贴，名为'膏火金'），不能养家活口，为了维持一家的生活，他不得不弃掉学堂，另寻出路。"回到南方以后，子虬公在常州等地担任教师，但很快就看到，教书并不能让其家庭过上富足的生活。他后来以秀才身份，经选拔成了优贡，并赴京通过了朝试，候补安徽知县，成为一名科员，收入比较有了保障。之后子虬公去了南京，任南京造币厂文牍，后来又去杭州，担任仁和场盐运署的课长，做了二十余年，直到1936

---

1 《顾颉刚自传》，第17—18页。

2 《顾颉刚自传》，第37—38页。

年退休。[1]而不到三年，子虬公便于1939年1月与世长辞了。

从顾颉刚父亲子虬公的一生来看，他自小背负着父辈的期望，希望能通过科举考试，改善家族衰败的命运。经过自身的努力，他也几乎成功，年轻的时候就取得了功名，但因为时势变动，造化作弄人，让他清楚地认识到必须另寻出路，不想以教书、学术谋生，而是选择从事其他行业来求富。用顾颉刚的话来说，他父亲虽然"好擘索经史，旁及词章"，"然家贫，常虑升斗之养，未能纵恣于学海也"。[2]子虬公一生勤奋努力，为家庭做出了牺牲，到了晚年颇有收获。顾颉刚回忆道："我父收入多而开销省，所以到了晚年可以有这点积蓄。"子虬公在晚年的具体积蓄或财产是："有田400亩，屋50间，现款4万元。"如同顾颉刚自己所说，"这份产业也不算小"。[3]所以顾颉刚出生之后，他的家境虽不能说富裕，但绝对是小康之家，足以供养他这个独子的求学之路。而子虬公付出的代价是，常年在外，将儿子交与嗣母培养。顾颉刚成年之后，父子有机会共同生活一些日子，但都为时不长，所以顾颉刚回忆其生平的时候，没有像怀念祖父、祖母那样回忆、描述自己的父亲，因为在其成长过程中，父亲子虬公是基本"缺席"的。

二、父子间的矛盾和冲突

顾颉刚在上面提到他父亲子虬公给他留下的遗产时说，"这份产业也不算小"，后面还有半句，"但与我无干"。他的解释是，因为他是

---

1 《顾颉刚自传》，第38页；《顾颉刚日记》第三卷，第735—736页。

2 《顾颉刚全集》第三十八卷，第254页。

3 《顾颉刚自传》，第133页。

独子，而且母亲早逝，所以他的继母和叔父联合起来，挑拨他们父子间的感情，觊觎他们家的财产，让他只想远离这个家庭。[1]这应该是实话，因为他在日记中多次提到他继母宋绮，而几乎每次都对她表示抱怨和不满。

那么，顾颉刚对他父亲又抱持怎样的情感呢？毫无疑问，顾颉刚对他父亲，好感大于对其继母，而子虬公对这个儿子，也同样持有爱心。譬如他在晚年告诉顾颉刚他留下的家产时说："你做到55岁，就归家来专心著作罢，我积下的产业是够你养老的。"[2]显然子虬公一生在外谋生，其目的之一就是让自己的儿子过上殷实富足的生活。顾颉刚在其父去世前后，也在日记中表示了他对父亲的感情。在子虬公去世差不多一年前，他从妻女那里听到父亲生病，便担心地写道："父大人衰态如此，恐已不久，我父子未知尚能会面否？"未料一语成谶，他们父子的确没能再见上一面。子虬公在一年之后去世，顾颉刚这么写道："先父既赍恨九原，颉刚亦负疚没世，痛哉痛哉！"尽管他没有回到苏州为其父送葬，但在之后的四十九天，每到逢七之日都在日记里记上一笔。其间他收到女儿来信，"报告父大人逝世情形，又不成眠，起服德国药而睡，时已上午一时许矣"。到他父亲逝世百日那天，他又写道："今日为父大人百日。"上述种种，均可见顾颉刚对他父亲的思念之情。[3]

两人的父子之情或许深厚，但并非亲密无间；顾颉刚对子虬公也从不言听计从，而是有过数次冲突和反抗。如他自己所述，顾颉刚幼

1　《顾颉刚自传》，第133页。

2　《顾颉刚自传》，第134页。

3　《顾颉刚日记》第四卷，第39—40、187、194—195、222页；《顾颉刚全集》第三十八卷，第275页。

时家教甚严。子虬公在他很小的时候，不仅送他去私塾，让他读了不少古书，如《左传》（由于私塾老师的严厉，顾颉刚认为这还造成了他的口吃），而且还亲自给他附加作业，令其读《古史翼》。顾颉刚曾对学生说，自己幼时"家长强迫读没有句读的古书，教他自己断句"。这一训练十分有效，培养了他的"治学能力"，以后"任何难读的古书难不倒他"。但可以想见，经历如此严格的训练，幼年的顾颉刚一定战战兢兢，没少挨训。子虬公不但言传（强迫他断句），而且还身教。顾颉刚回忆道："我幼年看父亲圈书，每一册都从第一页圈到末一页，心里也很羡慕。"顾颉刚写的第一篇作文《赵盾弑君论》，也是在他11岁的时候，在他父亲的要求下写就的。[1]

但子虬公对顾颉刚的严格要求，也使其产生了反叛的心理。顾颉刚虽然"为许多长辈所逼，不敢向他们当面说话"，也即不敢当面抗命，或因自己已经口吃，更不愿说话，但私下里常常自作主张。顾家是读书人家，祖父、父亲和叔父都有不少藏书，而且各有偏好。他祖父喜欢金石学和小学，父亲爱好文学，叔父偏重史学，顾颉刚放学以后，在他们的书房里到处翻阅，引起了他叔父的反感，但他还是依然故我。用他自谦的话来说，他读书的特点是"汗漫掇拾，茫无所归"。其实这也正好说明他好奇心、求知欲之旺盛。他在12岁的时候，写过三篇题为"恨不能"的文章，其中之一就是"恨不能读尽天下图书"。而且为此目标，他将祖父给他的点心钱省下来，去书肆买各种各样的书。他父亲从外回家，带回的一些新式书报杂志，如《泰西新史揽要》《万国史记》《新民丛报》等，他也爱不释手。他的这些做法，引起了家人，

---

1 《顾颉刚学记》，第331页；《顾颉刚全集》，第38卷，第334页。

下编　方法实践

特别是他父亲的反对，因为"这样的读书，为老辈所最忌，他们以为这是短寿促命的征象"。疼爱他的祖母温和地劝阻他，笑他"买书就像瞎猫拖死鸡一般的不拣择"，而他父亲则一开始就告诫他不要随便买书。11岁的时候，顾颉刚买了第一本书《西洋文明史要》，便受到父亲的指责："这是你不懂得的，买它做什么？"但顾颉刚不以为然，"觉得自己实有买这本书的要求，至于懂不懂乃是无关重要的"。他后来还是一仍其旧，买书、读书随心所欲，不听长辈的劝阻，因为他的"心中坚强的执拗，总以为宁可不精，不可不博"。[1]一言以蔽之，子虬公虽然对顾颉刚有很高的要求，希望他努力求学，并言传身教，尽可能对之加以辅导，但两人在求学的志趣方面其实是相当不同乃至冲突的。

他们父子之间的矛盾，更表现在顾颉刚上大学的时候。上面已经提到，子虬公曾以廪生的身份，进入京师大学堂读书，但因为"膏火金"不多，无法养家而辍学。顾颉刚在自传中，曾对此事做了多次的描述。首先是他父亲入学京师大学堂之后，让他这个自小就嗜书如命、"恨不能读尽天下图书"的少年兴奋不已。他看到父亲从北京寄回的家信，信封上写的是"北京马神庙京师大学堂斋舍天字一号"，令他想入非非。他"幻想那开设马神的庙里的大学堂，心想我的父亲每天总经过这位马王神像吧？这个像该是怎样的伟大呀？'天字一号'是第一的别名，莫非我的父亲在学校里考了第一，所以住在那里？这一切一切，都够得我吟味的"。子虬公辍学回来之后，顾颉刚对他带回的行李十分好奇，特别是其中的一张照片，上面是京师大学堂的江苏省籍人士，其中不少本来已经是进士了。顾颉刚对此由衷地敬佩：

1　《顾颉刚自传》，第25页；顾潮：《顾颉刚年谱》，第9—15页；《古史辨自序》，第32—33、39页。

"他们好了再要好，又该做怎样的敬仰！"[1]换言之，子虬公虽然没有完成学业，但他的这段求学经历，却激励了少年顾颉刚。

更重要的是，子虬公本人对顾颉刚去北大上学，有着直接的影响。顾颉刚中学毕业之后，曾在上海的私立神州大学上了一年，但因为不满其生活和教学的状况，退学回来了。顾颉刚去上海上大学，与他在中学期间参加中国社会党的活动，应该有着一定的关系，因为社会党创立时的本部在上海。顾颉刚也主要在苏沪两地参与其活动。子虬公自己从京师大学堂退学之后，便将求学深造的希望寄托在儿子身上。顾颉刚后来曾多次讲述子虬公对他的强烈期望："大学堂的书，我是读不成了，我只望你好好用功，将来考得进这学堂，由你去读完了它罢！"在他写的《家严事略》中，他用文言文记道："[子虬公]命颉刚曰：'吾困于家务，半途而废，今汝可无虑此矣，吾之所志，将于汝乎成之矣！'"[2]这两段话的意思，大致相同，但后者更为强烈，因为不但有"命"这个字，而且子虬公还说了"今汝可无虑此矣"这句，其意很明确：我为了家庭也为了你这个独子，弃学就业，让你能安心求学，因此你必须替我完成这一学业。

子虬公希望儿子努力求学，完成自己未竟的学业，本无可厚非，天下很多家长或许都对自己的儿孙有类似的心愿。但他竭力让顾颉刚上北大深造，为的是学而优则仕，从而光宗耀祖，重新撑起顾家的门面。顾颉刚在他的自传中，提供了这样一个重要的记载。他说他祖父中了秀才之后，屡次试图成为举人，但可惜没有成功。后来他成了

1　《顾颉刚自传》，第38—39页。

2　《顾颉刚自传》，第38页；《顾颉刚全集》，第38卷，第255—256页。

一名幕僚,而因此之故,使他"有机会保举功名",得了一个五品蓝翎。于是"一逢到婚丧和祭礼,就戴起水晶顶子,后面插了花翎,穿了箭衣和外套,怪威风的"。这一行为,显然对子虬公有很大的影响。在顾颉刚十多岁的时候,科举已经停了,"可是我父亲必要我有些功名,替我到北京捐了一个监生,加捐了一个五品衔,18岁结婚的时候也就戴起水晶顶子来。我那时也觉得很光荣,为的是可以继承我的祖父的功名了"。[1]由此可见,子虬公对儿子的期望,还是传统社会望子成龙的心态,而顾颉刚在他18虚岁结婚的时候,也难免受其影响,同样抱有些许读书求功名的心理。

顾颉刚18岁那年是1910年,次年辛亥革命爆发,清王朝被推翻。在革命前后的激荡岁月,顾颉刚与同学们一起,参加和组织了不少政治活动,其思想和行为发生了明显的变化。他不但嗜读《国粹学报》和谭嗣同的《仁学》等进步书刊,而且还"多次在校会上听袁校长讲述清政府之腐败,他要学生切记宦途不可入,虚荣不可求,振作精神,力求进步,并剪指甲,去发辫"。这些教导,显然对顾颉刚有很大的影响:他开始将学习抛诸脑后,积极从事革命活动。他在报纸上发表的第一篇文章,就是假借其妻子名义写的《妇女与革命》,刊登在《妇女时报》上,强调妇女的解放方能体现革命的彻底性,其思想的激进可见一斑。而且,顾颉刚那时在行动上也同样激进。1911年江亢虎在上海创立中国社会党,宣传社会主义。顾颉刚为之吸引,加入之后与同学们翌年在苏州创建其支部。到了该年年底,他又以北京有人要他做编辑为名,骗过了祖母,离家赴京,参加了江亢虎在北京建立的

---

1 《顾颉刚自传》,第36页。

支部工作。接着他又与社会党的骨干陈翼龙去了天津，在那里帮助建立支部。[1]

但是顾颉刚高涨的革命热情，很快被其父发现并严厉阻止。子虬公知道儿子北上之后，也赶赴北京，找到了顾颉刚。他虽然流着泪劝说顾颉刚，但语气十分坚决："我只有你一个儿子，我不能让你办党。"子虬公知道儿子喜欢读书，因此这么说道："我并不能强迫你脱党，只是要你升学"，然后命令他考北京大学。在父亲的软硬兼施之下，顾颉刚貌似屈服了。他不仅听从劝说，脱离了社会党，而且还这么形容："我再不敢轻易加入哪个党会。"可见此次与父亲的冲突，对他影响至深，让他终生难忘。一个多月后，他即去上海报名参加入学北大的考试，之后成功地被北大预科所录取。[2]毋庸赘言，顾颉刚与父亲的这次冲突，是他人生道路上一个关键的转折点。如果没有子虬公在1913年的坚持和强迫，顾颉刚的人生道路就会不同——我们所知道的史家顾颉刚或许就不复存在了。

在这场父子交锋中，子虬公显然占了上风，顾颉刚遵从了父亲的意愿，不仅考了北大，脱离了社会党，而且从此与任何党会都保持一定的距离。他在中年以后，曾对自己的性格做了分析，说自己"缺乏政治性"，然后分析道："综合我一生的事实看来，学问的路很早就走上而政治的路则始终走不上去，这就因为知识欲太强而政治欲太弱的缘故。"[3]这是他自己的说法，我们自然应该相信，因为无可否认，顾颉刚的确有着很强的知识欲。但从他早年参与社会党活动时激情澎

---

1 顾潮：《顾颉刚年谱》，第27—30页；《顾颉刚自传》，第27页。

3 《顾颉刚自传》，第148—149页。

194   下编　方法实践

湃、全身心投入的行为来看，很难说他从来就是一个"政治欲"或"政治性"弱的人。换言之，如果他后来变得"政治欲"和"政治性"弱了，那么我们有理由认为那是因为他在1913年与其父冲突之后，在后者的逼迫下逐渐形成的一种性格。

但是顾颉刚真的屈服了吗？其实并没有，因为如果他真的心甘情愿地放弃政治，依照父亲的愿望一心向学，那么他就不会从编辑《古史辨》第一册开始，便在其自序和之后的其他自传文本中不断强调自己外柔内刚的"二重人格"了。顾颉刚上了北大之后的行为，也从侧面表明他内心并没有听从父亲的话，一心读书以求光宗耀祖。相反，他全没有子虬公所期待的学而优则仕的心理，而是听从了中学袁校长的教导，读书不求进入仕途，而是起初打算学农科，因为"学了农，既可自给自足，不靠人家吃饭，不侵入这恶浊的世界"。[1] 另外，他也十分关心社会党，特别是他钦佩的朋友陈翼龙的活动。袁世凯复辟之后，社会党被禁，革命党人积极开展"二次革命"，陈翼龙也不例外。他准备舍身成仁，将自己的家信留给了顾颉刚保存。袁世凯将陈翼龙枪毙之后，子虬公从报上看到了这一消息，"手中的水烟筒不知不觉地跌倒地上"。他一再叮嘱、规劝顾颉刚千万"小心"，不能"做了革命党"。由此之故，顾颉刚在北洋政府的严查下，只能将陈留给他的家信烧了，"竟辜负了死友的谆嘱"。[2]

顾颉刚内心没有真正屈服于其父压力逼迫的另一个表现是，自从他考入北大预科以后，每天沉溺于看京戏，并不好好读书。他痴迷

1　顾潮：《顾颉刚年谱》，第31页。

2　《顾颉刚自传》，第47、53—54页。

看戏的程度是，每天中午不到十二点就吃饭，旋即进入戏场，一直要到天黑才出来。看戏之余，他偶然光顾一下书市和市场，"在地摊上捡几本破书"。陈翼龙死了之后，他更是沉沦，旷学而看戏，自己承认："好戏子的吸引力，比好教员更大"，"我终究做了他们的俘虏"。如何做"俘虏"呢？那就是顾颉刚将父亲给的生活费中的差不多一半，都花费在了戏院，于是吃饭成了问题。他的解决办法是，停了学校营养不错的包饭（"鸡鱼蛋肉经常有，馒头米饭随意吃"），每天靠吃烧饼度日。"那时烧饼有大小两种，大烧饼值小铜元一枚，小烧饼一枚两个。"他每天花四个铜元买八个烧饼，边吃边走去戏院。"到了戏院，泡一壶茶，渴也解了。"天黑从戏院出来，他又如法炮制，花四个铜元买八个烧饼做晚饭。[1]

顾颉刚在北大预科不读书而听戏的自我解释是，袁世凯篡夺了国民政府的权力之后，让他们这些青年人大失所望。他写道："时代只有倒退，决无前进的希望，…… 好在那时我已听戏成癖，心想就把歌台舞榭作为我的麻醉剂罢。"[2]但笔者以为，他那时沉溺于看戏，还有一层反叛家庭和父亲的意涵。子虬公在儿子顺利考上北大、赴京读书之后，可能觉得自己对家庭负担的责任更为重大了，于是去杭州担任运署课税科长达二十余年，一直到退休为止。顾颉刚显然清楚父亲和长辈对他的期望和付出。他名义上在北大"上学"，其实听戏一年之后，有这样的交代："暑假期到了，家中催归，我又乘了海船回去。可怜家中长辈只知道我到北京读书，那会想到我除了两三星期之外

---

1 《顾颉刚自传》，第52页。

2 《顾颉刚自传》，第57页。

下编　方法实践

尽沉溺于戏园子里的呢。"这段话颇有点耐人寻味。首先，他用"家中催归"，显示他自己并不想回去，而是家里催促的结果。其次他的言语之间，明显表现出了一点内疚。但内疚归内疚，他假期结束回到北京之后，依然故我，再次沉醉于戏园子，说明他明知故犯，就是不愿照父亲的愿望行事。学期结束的时候，他没有好好学习，考试自然考不出。于是他竟然向父亲提出不参加考试，还要休学一学期，而子虬公可能因为自己已经到了杭州，鞭长莫及，便答应了儿子的请求。子虬公给顾颉刚的信中这么写："你从前不该不自量力，贸然选读你不近情的功课，以致吃这蹩等的亏。"显然，子虬公说这番话，可能基于自己在京师大学堂的经验，没有选科学和外文而是选了师范，而顾颉刚则在预科学习时选了数种外文及演算和绘图课。其实他对儿子沉迷于京戏，还是略有所知的，因为顾颉刚那时还在报上发表他听戏写的捧角的诗。他对顾颉刚的祖母说："阿双[顾颉刚小名]要变坏了，怎么好？"[1]但他望子成龙心切，仍然寄钱供顾颉刚读书。不过子虬公的"宽宏大量"没有让顾颉刚改过自新。顾颉刚反而变本加厉，"在这休学期中，我的戏瘾更大了，戏园子变成了我的正式课堂，除非生病，没一天不到"。[2]他有这样的行为，笔者解读为对其父心理和情感上的一种反叛，因为他明明知道父亲和长辈对他的期待和期望，但就是不愿、不想沿着他们教导的方向前行。

当然，顾颉刚最终走出了沉溺于戏院的日子，但与子虬公的规劝或付出没有关系。正当他到处听戏、"混一天是一天"的时候，同学

---

1 《顾颉刚书信集》第一卷，第209页。
2 《顾颉刚自传》，第47—48页。

毛子水告诉他:"章太炎先生讲学了,你去听吧。"前面已经提过,他十来岁的时候,就读过《国粹学报》,而章太炎是该刊物的创办人之一,在上面发表了不少文章。顾颉刚少时读了这些文章后,"仰慕章先生已历八年,如何肯放过这个机会呢?"饶有趣味的是,他的这些记述,还是让人觉得他敬仰章太炎的学问,与他此前追慕京剧名角谭鑫培的心理可以相比仿。不过他听了章太炎数次演讲之后,开始重拾自己钻研学问之心。他甚至有决心想今后在学问上超过章太炎,所以给自己取了个名字"上炎"。毛子水除了鼓励和陪同他去听章太炎讲学,还以自己严谨的治学态度影响了顾颉刚。上面已经提过,顾颉刚自小喜欢乱翻书,所谓"汗漫掇拾,茫无所归"。但他看到毛子水有秩序地读书,深受其"严正的态度"感染,于是动手将《左传》从头至尾圈点了一遍,并说自己开始有始有终的读书,"实在是子水在无形中给我的恩惠"。[1]

有必要再次强调的是,顾颉刚去听章太炎的演讲和开始认真求学,与子虬公的期待并无关系。甚至,他那时开始决定投身学术,仍可以视作对父亲的继续反叛,因为子虬公期望的是儿子能学而优则仕,而顾颉刚之转向读书,已经有了以学问为学问、以学问为生命的志向了。用他自己的话说,章太炎被捕、停止讲学之后,"我在学问上已经认清了几条大路,知道我要走哪一条路时是应当怎样走去了"。那么,顾颉刚想走的是什么路呢?请看他在《古史辨·自序》中所给的解释。他说原来像普通人一样,思考学而致用的问题:

---

1 《顾颉刚自传》,第57—58页;顾潮:《顾颉刚年谱》,第32页;《古史辨自序》,第39页。

　　　　　　　　　下编　方法实践

……但经过了长期的考虑,始感到学的范围原比人生的范围大得多,如果我们要求真知,我们便不能不离开了人生的约束而前进。所以在应用上虽是该做有用与无用的区别,但在学问上则只当问真不真,不当问用不用。学问固然可以应用,但应用只是学问的自然的结果,而不是着手做学问时的目的。从此以后,我敢于大胆作无用的研究,不为一班人的势利观念所笼罩了。这一个觉悟,真是我的生命中最可纪念的;我将来如能在学问上有所建树,这一个觉悟决是成功的根源。[1]

所以,顾颉刚虽然放弃了自己听戏的癖好,回到了学习中,但他对求知的理念和人生的态度,与其父的已经有了天壤之别。他后来回顾自己生平的时候,将父子之间的不同追溯于儿时,说父亲不喜欢保存旧物,而他很小就有"史料学"的癖好——"父子之间的性格为什么有这样的不同呢?"[2]显而易见,他强调自己与父亲性格的不同,正是他反叛和反抗父亲的一种自我心理投射。

三、与马丁·路德的比较

前文已经提到,顾颉刚在20世纪20年代中期发动的"古史辨"讨论,是震动中国学术界的一件大事。他自谓是对中国的历史认识投

---

1 《古史辨自序》,第41—42页。
2 《顾颉刚自传》,第28页。顾颉刚在他父亲晚年,也还是指出两人之间的大不同,见《顾颉刚日记》第三卷,第725页。

出了"一颗原子弹",而参与者胡适做了更为明确的描述,说到如果清代崔述"考而后信"的准则是一把大斧子,"一劈就削去了几百万年的上古史",那么"颉刚现在拿了一把更大的斧子,胆子更大了,一劈直劈到禹,把禹以前的古帝王(连尧舜禹)都送上了封神台上去。连禹和后稷都不免发生问题了。故中国古史学上,崔述是第一次革命,顾颉刚是第二次革命,这是不须辩护的事实"。[1] 从现在的眼光来看,胡适当时对顾颉刚的评价也是十分中肯。顾颉刚那时似乎只是改变了国人对古史的认识,但因为中国文明素以其源远流长的历史感闻名于世,改变中国人的历史观念等同于提供了一个对中国文明的新认识,也即改造了中国文明本身的特质。无怪乎在顾颉刚身前、身后乃致直到今天,中国学术界对他领导的"古史辨"运动,仍然念念不忘,评价屡屡不绝。国际学术界也同样如此。他洋洋洒洒写的《古史辨·自序》,被美国汉学家恒慕义译成了英文,并由此获得了莱顿大学的博士学位。1971年顾颉刚还在世的时候,另一位美国学者劳伦斯·施耐德就出版了顾颉刚的学术传记,成为最早的顾颉刚传记作者之一。1992年德国学者乌塞拉·里希特也写了有关顾颉刚晚年的传记。[2]

　　如果将顾颉刚的"古史辨"运动置于世界文明发展史上考察,其

1　顾颉刚:《我是怎样编写〈古史辨〉的?》,《古史辨》第一册,第17—18页;《顾颉刚学记》,第213—214页。

2　Arthur Hummel, *The Autobiography of a Chinese Historian*, Leiden: Brill, 1931; Laurence A. Schneider, *Ku Chieh-kang and China's New History*, Berkeley: University of California Press, 1971; Ursula Richter, *Zweifel am Altertum: Gu Jiegang und die Diskussion uber Chinas alte Geschichte als Konsequenz der "neuen Kulturbewegung" ca. 1915—1923*, Stuttgart: F. Steiner, 1992.

下编　方法实践

意义应该不亚于16世纪欧洲由马丁·路德所开展的宗教改革运动。文艺复兴之后，欧洲兴起了人文主义的思潮，其宗旨是复兴和重建古代希腊和罗马时代的文化。那时很少人会想到的是，这一复兴文化的努力也会影响教皇的声望乃至教会的生存，因为一些教会的有识之士也试图重建一千余年以前早期天主教会的历史。他们发现那时为教皇所认可或鼓励的诸如兜售"赎罪券"等行为，并不见于或属于早期教会的传统。当教会人士积极推销这些政策的时候，马丁·路德这样熟知教会历史和传统的有识之士便起而挑战教皇的权威，指出这些做法并不符合基督教的传统。换言之，马丁·路德所挑起的宗教改革运动，重新形塑了近代早期许多欧洲人对历史和过去文化的认知。那些认同这一新认知的教会人士组织了新教，在部分政治人物（国王和诸侯）的支持之下，与天主教会分庭抗礼，最终结束了天主教皇在欧洲大陆长达千年的统治，并在此基础上逐步建立了民族国家。

无独有偶的是，马丁·路德作为一位饱读经书的神学教授，其挑战教皇和反叛教会的行为，亦是从少年、青年时代对其父亲意志的反抗和反叛开始的。1958年，美国哈佛大学心理学教授埃里克·埃里克森出版了名著《青年路德》，仔细考察了路德早年与其父亲的关系，分析他们之间的矛盾和冲突，指出路德对其父亲的反叛，与他之后挑战教皇和反对教权，存在一种内在的关联。埃里克森是心理学家，所采用的是精神分析的路径，但书中也一再提到情感，因为心理、情感虽然是不同的层次，但两者之间密不可分。马丁·路德和顾颉刚不但身处不同的时代，时间相距有五百年，而且文化背景也有巨大的差异。但两人的成长经历及其与父亲的情感联系，则存在相当多的可比性。埃里克森这么描述马丁的父亲汉斯对儿子的期望：为了让路德在埃尔福特大学获得修士学位，"他那野心勃勃的父亲作出了巨大的牺牲，使他接受了多年严格的学校教育，他的父亲想让他学习法律，因为这个专业在当时是进入政界的跳板"。汉斯之所以野心勃勃，对儿子期望甚殷，因为自己是农民出身，经过多年奋斗成了一名家境小康的矿工，而且还娶到了一位出生相对高贵的妻子。由此他希望儿子能再接再厉，更上一层楼。埃里克森如此形容汉斯为培养儿子所做的付出："路德的父亲送儿子上拉丁语学校和大学，并期望他成为一名法学家，或许会挤入中产阶级。为了实现这个目标，任何代价都愿意付出，钱的问题总有办法解决。"[1]这与子虬公为了养家，从京师大学堂辍学回苏，接着外出做事，然后命令顾颉刚考北大，以求其学而优则仕，十分类似。

饶有趣味的是，像顾颉刚一样，路德不但有一个对他不善的叔叔抑或"邪恶的叔叔"，而且其母亲也像其父亲一样，对他十分严厉。路德说到，一次他偷吃了"一颗坚果"，结果让母亲痛打了一顿，"直到我流血为止"。[2]顾颉刚的母亲早逝，但幼年的顾颉刚记得的母亲，就是在睡觉的时候，因为尿床而"被母亲扔下床来，忍不住大声哭叫"。后来他就一直与嗣祖母同睡，直到17岁结婚。相比之下，路德没有那么幸运；他的童年似乎除了严厉的父母，没有其他爱他的亲人作为其庇护伞。尽管路德的母亲没有早逝，但埃里克森写到，当他"浏览了成千上万页关于路德的文献时，所有这些都萦绕在心头；我一次又一次地问：这个路德到底有没有母亲？"换言之，在路德的成长过程中，母

1　埃里克·埃里克森：《青年路德》，舒跃育、张继元译，上海：上海人民出版社，2021年，第22、68—69页。

2　埃里克森：《青年路德》，第82页。

亲是缺席的,而父亲则对他期望很高,严格管教,还动辄鞭打他。相比之下,子虬公虽然也望子成龙心切,但似乎没有体罚的行为。顾颉刚回忆他双亲和长辈的时候,只记得母亲打他,他愈讨饶被打得愈凶,或许恰能反证他父亲没有这样对他。[1]

　　如果路德的幼年、少年时代比顾颉刚受到的管教、束缚还严,那么他的苦痛和反叛也表现得更为激烈。埃里克森《青年路德》的开篇便描写了路德的一次“精神崩溃”事件,那就是在他20多岁的时候,在埃尔福特修道院的唱诗班中突然跌倒在地,口中念念有词:“我不是!”(Ich bin's nit!)或“不是我!”(Non sum!)。埃里克森对此的解读就是路德经历了一个“自我认同危机”(self-identify crisis)。要知道,路德进入修道院已经违背了其父的意愿。与他父亲希望他成为律师的愿望相反,路德之前在遭遇一场暴风雨、吓得惊慌失措的时候,祈求上帝救助。“当时他大喊道:‘我想成为一名修士。’然后我们发现,这位青年修士站在了十字路口,一条是服从于他父亲——一种对异乎寻常的固执和迂回的服从;一条是服从于他自己的修道誓言——当时近乎荒谬的竭力服从。”[2]所以路德尽管进入了修道院,但心里一直忐忑不安,经历了强烈的心理挣扎。长期下来,他积郁成疾,由此而演化成了上述的事件。与之相比,顾颉刚似乎没有发生表现如此激烈的事件,但在他1913年以降所记的日记中,也多次说到自己“升肝阳”“神经质”“竟夜不眠”,感叹自己“堕落”、浪费光阴等,显示他的苦闷和烦躁。[3]而他在北大预科期间不好好上课,整

1　埃里克森:《青年路德》,第93页;顾潮:《顾颉刚年谱》,第20页。
2　埃里克森:《青年路德》,第43—44页。
3　见《顾颉刚日记》第一卷上。

天泡在各家戏园，也表明他像路德一样，在情感和心理上不想、不愿成为父亲所期待的人，同样经历了一个"自我认同危机"。

1916年，顾颉刚考入北大哲学门，与同学傅斯年、罗家伦一同受到了新文化运动的洗礼。1918年《新潮》杂志创办，他给该杂志写的第一篇文章，题为"关于旧家庭的感想"，1918年发表之后，他意犹未尽，在1920年又连续写了两个续篇，其整体篇幅不亚于他后来写的《古史辨·自序》。他写这些文章，针对中国的家庭制度来检讨、批判传统文化，意义重大，可以视作他对父亲意志抑或父权的一种正面挑战。此处用"正面"而不是公开挑战，因为顾颉刚发表的时候，用的是笔名"顾诚吾"，原因就是怕其父看见，引起纠纷，可见他对父亲，仍有不少敬畏。但从文章的内容来看，他对旧式家庭，则称得上深恶痛疾。他从三个方面加以竭力鞭挞："名分主义""习俗主义"和"运命主义"。不过他虽然发表了两个续篇，还是没有写到第三部分，也即"运命主义"。这篇文章的主要价值其实就在于第一部分，因为"习俗主义"是想解释为什么家族制度如此顽固不化，长期以来钳制着人的思想和行为，却没有实质的改变和改造。[1]

顾颉刚指出，中国家庭制度的弊病在于强调尊卑有序，让家长有绝对权威，不管对错与否，因为家长的所作所为，都是为了提高家族的名誉，目的是光宗耀祖。由此之故，顾颉刚认为带来了三个主要恶果，一是泯灭了个人的人格，儿辈活在世上的首要责任就是"继承先志"，也即按照父亲的意愿行事，不允许有"自由的意志"。二是毁灭

---

[1] 顾潮：《顾颉刚年谱》，第48页；顾颉刚：《关于旧家庭的感想》《关于旧家庭的感想（续）》《关于旧家庭的感想（再续）》，《顾颉刚全集》第三十八卷，第35—88页。

了家庭成员之间的爱情或亲情，代之以各种服从与被服从的关系。三是压迫家中的女性，只把女性看作生育乃至泄欲的工具。总之，讲究名分是中国家庭制度的万恶之源，"因为他们的真理即是名分的理，权势的理，无理由的理"。[1]

顾颉刚针对和批判的三个方面，其实都与他那时的亲身经历有密切的关系。他所用的"顾诚吾"的笔名，猜想也有"真诚倾诉、直面自我"的意思。他的这篇《关于旧家庭的感想》，因此可以视作他《古史辨·自序》的前身——后者更为直截了当，直接以自己的种种过去来讲述和解释他发动古史真伪讨论的缘故。他被子虬公要求考北大，继承其未竟的学业之外，他在这篇和之前发表的《妇女与革命》中，均重视家庭成员之间的爱情，特别是女性在家庭中的遭遇，其实与他自己的两次婚姻密切相关。顾颉刚1910年底第一次结婚，妻子吴徵兰比他大四岁，没有受过什么教育，是个旧式的妇女。顾颉刚未及18岁、中学未毕业便结婚，与他嗣祖父在前一年去世有关。子虬公从安徽回家奔丧，在办完顾颉刚的婚事之后立马就回去了，可见这次结婚的主要目的是尽快延续顾家的烟火。用顾颉刚的话形容，吴徵兰"无才无貌"，对他"亦颇落寞，无儿女之情"。吴还嫌他不挣钱，没有给她买衣服，不能让她在亲戚和娘家那里显得"光宠"，所以两人之间一开始没什么感情。顾谓之没有"精神之融合"。结婚之后吴连续生了两个女儿，后来生病达半年之久，而顾颉刚尊父命在外求学，无法在她身旁一直陪伴，让他于心不忍，所以他曾发誓："妇

1　顾颉刚：《关于旧家庭的感想》《关于旧家庭的感想（续）》，《顾颉刚全集》第三十八卷，第35—65页。

苟死，必不娶"，抑或即使再婚，也只会纳妾而已，表示他不负吴的心愿。他发这个誓言，其实也是他对父权的一种反抗："吾之得竟学业，长者所赐也；吾之得有妇，长者之所与也。妇逝不敢怨，使吾得竟学业则必报，如此则吾责尽矣，对长者其无愧矣。舍此之外，吾其可以自主乎。"[1]顾颉刚的意思是，求学和结婚都是为了"长者"；为了尊父命继续学业，他没能照顾好病妻，情感上对不住她，所以就发这个誓言来表示对她的忠贞和怀念，希望自己在再婚和纳妾方面应该有些自主权。

但他最终还是没有。为了重振和光大顾家的声望和门面，子虬公不但要求顾颉刚求学深造，而且还希望他能为顾家传宗接代。吴徵兰生了两个女儿，让其不满意，因此便过继顾德辉给顾颉刚做嗣子。在顾颉刚不在家的时候，吴徵兰因为没有生出儿子，在顾家的日子估计颇为难过。她很可能由此抑郁成疾，最终一病不起。1918年8月1日，她年仅30虚岁便撒手人寰，丢下一双女儿，让顾颉刚深感同情和悲痛。他在妻子病重的时候赶回家照顾，曾要求将其送医院抢救，但被认为"有命在天"的家中长辈阻止，他为此写信给子虬公抱怨，但后者的回答却是："不知你读书廿年，所学何事，乃敢辄兴怨怼。"[2]在吴徵兰去世之后，子虬公又不管顾颉刚丧妻之痛，立刻就要他续弦吴的五妹，之后又频繁安排其相亲。顾颉刚曾写有《说亲忆录》一文，记录了他在妻子去世后的半年间，被说亲几十次的经历，并指出"父大人

1　《顾颉刚全集》第三十八卷，第27—28页。

2　顾潮：《历劫终教志不灰：我的父亲顾颉刚》，第44—45页。顾颉刚晚年在整理其日记时，回忆了吴徵兰的死，指出他父亲和继母不愿花钱及时为吴治病，使他十分痛心。《顾颉刚日记》第二卷，第298页。

急于成事"。最后他屈服于父亲，在1919年1月便与殷履安订婚，然后两人在5月21日结婚。如果说顾颉刚在再婚一事上稍微有了一点自主权，那就是他在不少提亲的人中间，选择了生长于苏州和昆山之间甪直的殷履安，因为她受过小学教育，顾的好友和曾在甪直小学任教的叶圣陶也说她"好学不倦"，所以他决意娶她。不过两人的联姻，最终还由顾颉刚去信父亲，征得了他的同意之后才办成。[1]

因此，顾颉刚于1918年—1920年在《新潮》连载《关于旧家庭的感想》，虽然没有像吴虞那样直接挑战其父，但他此文的写作本身及其内容，几乎每一个字都充满了对旧式家庭中父权的不满和怨恨，期待家庭革命能成为五四学人所期待的社会革命的一部分。他还用顾诚吾的笔名，在1919年的《新潮》发表了一首半文半白、题为"自你殁后"的诗，其中提到吴徵兰去世之后，他被家中长辈催婚的苦恼：

自你殁后，媒人来了数十起：
不是东家知算能书，就是西家貌美娴家事。
闹得我意绪神昏，苦无从遣止。
老人责望，总是"有妇侍高堂；有子延宗系。"
家庭养育，恩情高厚，我何忍别异？
又旁无兄弟，下无男子，我何能径情率意？
从前的早婚，和将来的续弦，都似一工人，为东家服务；我亦拼做工人，不敢说自由意趣。

---

1 《顾颉刚全集》第三十八卷，第94、98—109页；顾潮：《顾颉刚年谱》，第46—51页；《顾颉刚日记》第一卷，第55—56、68页。

但可怜我在你病榻旁边，重重申誓，而今何似？

我不敢问你，我到底是有情无义？

我愿将你入殓时睁睁的双眼，且安心的合闭。

我总信黄泉有路，待相会那年，把此情细理。[1]

这首诗的写作，真切描述了顾颉刚的两次婚姻及其给他带来的切身之痛。但尽管他痛苦非凡，心里强烈挣扎，还是觉得自己无法"径情率意"或追求"自由意趣"，已经决定向长辈屈服，"为东家服务"，然后写此诗祈求亡妻的宽恕了。

子虬公对顾颉刚的管控，却没有到此为止。他再婚之后，子虬公从杭州来信教导他："媳妇接回后，应教以持家各务，并不得常在房中，置家事一切于不问……"顾颉刚不敢回怼父亲，只是在给殷履安的信中对父亲的观点一一批驳，殷切希望他的新妻不会像吴徵兰一样，为旧式家庭中长辈的意志所吞噬。[2]不过，如果说顾颉刚在北大预科期间，以听戏荒废课业是对父亲意志的一种消极反抗，那么他从此时开始已经寻求与父亲正面冲突和挑战了。

而这个"此时"，正是五四运动爆发的1919年。上面已经提到，顾颉刚屈于家中长辈的压力，在吴徵兰死后一年不到便与殷履安联姻，因此五四运动爆发的时候，他不在北京。但他1918年便与同学傅斯年、罗家伦共同编辑《新潮》，对这些同学领导五四运动，十分关心。他曾在5月9日给傅和罗写信，希望"扩大"风潮，"在根本上改

1　《顾颉刚全集》第三十八卷，第32页。

2　顾潮：《历劫终教志不灰：我的父亲顾颉刚》，第52页。

　　　　　　　　　　　下编　方法实践

动一回"。可见他们之间气味相投,同仇敌忾,希望与传统文化做一根本的决裂。9月初他动身回到北大,心里已经决定不按父亲的指望而是根据自己的想法投身学术。那时罗家伦提出"只钻研学问,不问外事",让顾颉刚深感钦佩。同年他又写了诸如《说亲忆旧》之类有关他婚事的文章,其意显然是藉此检讨中国传统家庭制度的问题。[1]

而他反抗父权最明显的表现就是,在1920年从北大毕业之后,他不回苏州谋职,而是继续在北大工作,先是做了助教,后成为图书馆的编目员。编目员的收入只有50元,而他要负担家中四个人(殷履安和他前妻所生的两个女儿)的开销,至少需要80元,加上北大还欠薪,所以他在经济上遇到了困境。但他"宁向朋友借钱,不向父亲伸手"。此时胡适向他伸出援手,每个月借他30元,让他能度过难关,坚定地走自己的道路。顾颉刚的女儿顾潮对其父亲北大毕业之后的抉择,有过这么一段评论,足以说明他留京做事,与子虬公的期待大相径庭:"父亲认为,他能在大学毕业,完全是子虬公所赐,对此当然是感恩图报,但子虬公对他的期望,不过是在功名资格上面,仍旧是个科举意识,也即是说,家里只要他有学问之'名'——大学毕业的学士,而不要他有学问之'实'——自己研究。"[2]换言之,顾颉刚不愿衣锦还乡,满足父亲的意愿,为顾家光大门楣,而是在北京从事自己的学问,领取微薄的薪资,甚至都无法养家糊口,这表现出他反抗父权和与"学而优则仕"的传统决裂的决心。

---

1 顾潮:《顾颉刚年谱》,第50—51页;《顾颉刚全集》第三十八卷,第26—28、30—32、92—97、98—109页。

2 顾潮:《顾颉刚年谱》,第58—59页;顾潮:《历劫终教志不灰:我的父亲顾颉刚》,第61—62页。

四、矛盾激化——分庭抗礼/分道扬镳

行文至此，似乎应该走向结尾了。但读者或许仍有疑问，顾颉刚反抗父权与他之后发动"古史辨"，两者之间有否具体的联系？在对此作出解释之前，笔者还想回到埃里克森对马丁·路德的研究，因为相似的问题似乎也存在：青年路德违背了父亲的意愿成为一名修士，后来成了神学教授，这一违逆父亲意志的行为如何导致他发动宗教改革？埃里克森对此做了相当复杂的分析，结合了不少精神分析的方法。譬如他曾这么描写路德之求学之路："当小马丁在离开父母家的时候，他已经被过于沉重的'超我'（superego）压抑住了，这个超我只有他在顺从地运用他的优越天赋的时候，只有他是马丁而不是路德的时候，身为儿子而不是男人时，身为追随者而不是领袖时，才被允许有自我认同的余地。"熟悉弗洛伊德精神分析学的人都知道，"超我"大致指的是束缚"本我"或自我的社会规范。路德与顾颉刚身处两个几乎截然不同的世界，但他们两人的成长道路都被当时的社会规范所严控，让他们近乎窒息。像顾颉刚一样，路德在婚姻问题上与父亲产生了冲突。他毕业之后最终进入修道院，与其父逼迫他结婚有关，导致了他们父子关系的破裂。[1]

埃里克森同时又分析道："马丁对父亲压力的反应，是路德专注于个人良知的开始，这一专注远远超出了当时宗教的实践和标

---

1 埃里克森:《青年路德》，第100、121页。

　　　　　　　　　　　下编　方法实践

准……后来他反叛了：先是反抗父亲，加入了修道院；然后反对教会，建立自己的教会。"[1] 当然与路德相比，顾颉刚没有分庭抗礼，建立自己的教会，但他做到的是让国人对自己的历史，有了一个崭新的认识。他们从反抗父权到挑战传统的逻辑转化就是，如果说路德和顾颉刚都受到了父权的压迫，那么这一压迫是一种"超我"的表现，为当时的社会、宗教和文化所强烈支持。他们如果要对之进行反抗，必须诉诸自身和个人的良知，然后挑战和颠覆这一约定俗成的、被认作理所当然的宗教抑或历史的传统。

顾颉刚在1918年—1926年的言行——前者包括他发表的《关于旧家庭的感想》等文章，后者包括他北大毕业之后决意从事学术工作等——都能帮助展现上述反抗父权与发动古史辨、"斩断"古史的内在关联。如同上述，《关于旧家庭的感想》一文很长，原来包括三个部分。顾颉刚花大笔墨写了"名分主义"作为第一部分，大力声讨尊卑有序的家庭制度。然后他在第二部分"习俗主义"中，试图对这一家庭制度的顽固不化做一分析，但没有尽兴。他在其末尾写道：此文"只说了旧家庭的思想，和思想下所发生的恶结果，还没有说到旧家庭里的制度"。所以他的下一步打算是写一部《中国家族制度史》。[2]换言之，顾颉刚想深入探讨和批判支撑那个折磨他的父权的历史根源，找出它的来龙去脉。

顾颉刚有这样的想法，因为留美归国的胡适在北大接替陈汉章上"中国哲学史"，教授了他进化论的理论和方法。胡适在顾毕业之

---

1 埃里克森：《青年路德》，第96页。
2 顾潮：《顾颉刚年谱》，第55页。

后，为给予他经济上的资助，又让他帮助自己找书，从而使得顾颉刚的治学兴趣从追寻中国家族制度的渊源发展扩大到整个中国历史的演变过程。顾颉刚在那一时期做这些事情的主要动力，与其两任婚姻所带来的切身之痛不无关系。他在《关于旧家庭的感想》等文章中对中国女性的诸多关注和同情，他对吴徵兰早逝的愧疚和与殷履安再婚之后，竭力希望她不再重蹈覆辙的努力，都可以视作一种良心发现的行为。如同他的笔名"顾诚吾"所示，顾颉刚那时希图呼吁人的良知，因为他看到了个人良知和历史文化传统之间的对立冲突。他在1918年吴徵兰得病之后，开始在北大加入收集歌谣、民歌的工作，并坚持了多年，或许可以做两方面的解读。一是他从这些朴素直白的歌谣中，看到了人们的真情实感；二是他从憎恨家庭制度中的尊卑有序，延伸到反对学问的高下之分，借此宣泄他的愤恨并挑战这一文化传统。顾颉刚曾表明这样的态度："学问的材料，只要是一件事物，没有不可用的，绝对没有雅俗、贵贱、贤愚、善恶、美丑、净染等等的界限。"[1]

顾颉刚在收集、整理歌谣的同时，又对之前的所谓高等文化——古人有关三皇五帝的系统——发起了挑战。1920年12月24日，他给殷履安写了一信，描述他辨伪书的工作，其中有这样的字句："这一篇如能做得好，便是在中国史上起一个大革命——拿五千年的史，跌到二千年的史；自周以前，都拿他的根据揭破了，都不是'信史'。"也正是在同一时候，他接受了胡适帮助的每月30元，因此经济上可以独立，不必向父亲低头。顾颉刚那时给傅斯年的信中说到，他知道其父

---

[1]　顾潮：《顾颉刚年谱》，第108—109页。

"不愿我到北平",但他"为自己学问计固不肯舍北平"。[1]所以,顾颉刚批判古史与他反叛父亲,两者之间有着有机的联系。

但他与父亲之间的尊组折冲,却因他祖母的去世而又生枝节。顾颉刚正在北大辨别伪书,干得热火朝天的时候,从小养育他的祖母病重,使他不得不在1922年3月离京返苏,向北大图书馆请了长假。顾颉刚与傅斯年的信中说到,没有祖母小时的照顾,他可能都不会活到现在,因此与她有着"特别的情谊",只能"归家侍养"。[2]但他心里还是相当犹豫,所以又向李大钊倾吐:

> 但我做了半年多的事务,引起头的不少,若是舍去不顾,我心里也是十分恋惜。况且我因为不愿在南方任事,所以在北大里找求了这个职务,若是归去以后,为经济所迫,就了南方的事,到后来家长便不许我北行,岂不是使我陷在"习俗"的泥潭里,拔不起来![3]

这一段有两个信息值得注意。一是他担忧父亲会借此机会,不让他回京做纯粹的学问,二是他用了"习俗"两字,正是他之前探讨家族制度在中国顽固不化的原因——他生怕自己也无法将之摆脱。

而他的担忧却成真了!在南方的时候,他应邀为位居上海的商务印书馆编写历史教科书,写了《中学校本国史教科书编纂法的商榷》一文。其中指出"谣言野史等出于民众"肯说实话,而"正史、官

1　顾潮:《顾颉刚年谱》,第58—59页;《顾颉刚书信集》第一卷,第203页。
2　《顾颉刚书信集》第一卷,第190页。
3　《顾颉刚书信集》第二卷,第1页。

书”则会“敷衍门面”，可见他不仅坚持学问无高低的立场，而且还对之前为人尊崇的官方史书，提出了批评。他还指出向来被视作“黄金时代”的三代，其实并不理想。顾颉刚藐视权威、挑战传统的态度，使他在那时逐渐形成了“古史是层累地造成的”观点。1922年7月，他的祖母去世。办完丧事之后，顾颉刚准备回北大复职，并将他全家搬到北京，但他父亲坚决不允许。顾颉刚给俞平伯的信中，对这次父子之间的抗争，有过比较详细的描述。他说自己“向来立下志愿，祖母一死就行搬出”，因为祖母走后，他已经不再认同这个家了。但子虬公则认为他必须为祖母守灵，否则便是大逆不道。顾颉刚与其父发生了激烈的争执，指出守灵并无必要，而且即使要守，也应该是儿子而不是他这个孙子的责任。子虬公看来气急败坏，用“非孝”“家庭革命”“枭獍”“毛羽丰满”等词来骂他，最后还威胁他说自己要“寻死”。[1]由此顾颉刚只能让步，答应不回京，去了商务印书馆正式担任编辑，之后又与朋友们成立了朴社。与此同时，他与胡适、钱玄同等人在《读书杂志》等刊物上积极讨论古史的真伪。换言之，父亲的强势压迫，让他更坚决地批判传统史观。

其时，顾颉刚似乎表面上对其父屈服，心里却十分不耻他的作为，因为“我父所以要我守灵，是要便于他自己做官”。而且因为他为商务印书馆编书，一月有50元酬金，让子虬公觉得“无须得他的供给，留我在家，真是一得两便”。顾颉刚虽然正式在商务印书馆任职，但心不在此，无法“定心做事”，反而“弄得失眠之疾大作”，可见他心里之老大不情愿，反叛心理强烈。而子虬公见他在商务印书馆做不下

1　顾潮：《顾颉刚年谱》，第26、72—73页；《顾颉刚书信集》第二卷，第75—76页。

去了，又对他"冷嘲热讽"，说他"不积财"，"不体谅他的年老远游"。[1]
最后，他们父子分道扬镳——1923年10月，顾颉刚辞去了商务印书馆的职务，单身回到北大继续从事研究。1926年，在他担任朴社总干事的时候，顾颉刚将古史讨论的论战文字，编成《古史辨》由该社出版。为了这第一册《古史辨》的出版，他花了四个月的时间写了一篇长序，生动细致地描述了自己的生平和治学道路，其中几乎不提其父子虬公。[2] 也是从那时开始，他们父子分居两地，直至子虬公去世；两人之间聚少离多，再没有多少紧密往来了。

---

1 《顾颉刚书信集》第二卷，第75—76页。
2 顾潮：《顾颉刚年谱》，第71—89页；《古史辨自序》。

顾颉刚的边疆史地研究
——个人情爱与民族情感的交汇[*]

20世纪20年代，顾颉刚先生以在30出头的年岁，发起"古史辨"的讨论而闻名遐迩，之后他始终如一，认定国人对上古历史的认知，必须建立在可靠的文献基础之上。但在其漫长的治学生涯中，顾颉刚不仅以考订古史真伪而名世，还从事了诸如民歌、民谣的收集，民众教育的普及和边疆史地的研究。对于他在30年代转向边疆史地的研究，其本人在1950年有过这样的解释，指出此事有点"出于意外"，"其原因一半由于研究古史，一半则仍缘做了几次旅行"。他接着说道，自1922年开始他研究古史，比较注意《尧典》和《禹贡》两篇，认为它们是"古史料的重心，所以特别注意"。因为《禹贡》问题太多，所以他在燕京大学开了"中国古代地理沿革史"，后来也在北大开设同样的课程。[1]

顾颉刚从青年时代开始，便有记日记的习惯，一直保持到晚年。

---

* 本文原刊于《社会科学研究》，2024年第2期。

1 《顾颉刚自传》，第82页。

不仅如此，他还会经常翻阅、整理和补充自己之前的日记。譬如他在1976年5月3日补记1937年9月30日的日记中这么说道：

> 予自九一八事变后，始悟帝国主义者之侵略吾疆土，其下手处实缘我国内各民族之不能融合，授人以挑拨离间之隙，而以武力随其后，遂至于溃烂不可收拾之地步，故于《禹贡半月刊》中着力于边疆地理及民族历史之论述，期以唤起国人注意，为亡羊补牢计也。[1]

这两段话解释了他从事边疆史地研究、发起《禹贡半月刊》杂志的缘由。第一段讲的是学理的需要，第二段讲的是时局变迁的影响。这些说法出自顾颉刚本人，当然是珍贵的一手史料，可信度甚高。不过值得注意的是，这些说法都是他多年之后的回忆，而顾颉刚本人还留下了详尽的日记。相较日记与回忆，前者的史料价值无疑高于后者，因为是当事人于当时当地的记录。如果我们把时光再回溯到1943年，看一下那时顾颉刚对自己之前日记的整理，便会发现他之从事边疆史地的研究，不仅与激愤的民族情感相关，而且还牵涉了他个人的情爱生活。1943年6月30日，顾颉刚在妻子过世之后，向认识并爱慕了近二十年的谭慕愚（后改名谭惕吾，字健常）求婚不成，在日记中制了一张"与健常往来年月表"，其中提到1933年"秋间健常随黄绍竑到北平，旋赴绥远，商议内蒙自治问题。过平时，健常曾至燕大我家一宿。自绥远归，又至燕大讲演，予受感动，遂有研究边疆问

1　《顾颉刚日记》第三卷，第698—699页。

题之志"。[1]换言之，顾颉刚对边疆史地的研究兴趣，与他对谭慕愚的爱恋关系甚大。有关两人之间的这段情愫及其对顾颉刚治学生涯的影响，余英时、陈学然等人已经有过相关的论述。[2]本文的写作将以顾颉刚的日记和自述材料为中心，回到当时的历史现场，讨论一下顾颉刚对历史地理的研究，如何反映了民族情感和个人情爱的双重影响，并想以此例出发，描述和分析五四学人婚恋与情感生活的复杂多面。

一、"幽壑绝涧中一树寒梅"——谭慕愚

顾颉刚对谭慕愚的爱恋，开始于两人在1924年的初次见面，可谓一见钟情。之后顾颉刚一直对谭慕愚爱恋有加。1943年向对方求婚遭拒之后，两人关系曾一度有所恶化，基本不再来往，但顾颉刚还是对谭念念不忘，终生不渝，长达半个世纪之久。我们要了解顾颉刚对谭慕愚的情和爱及这段情愫对他治学的影响，需要首先回顾一下他的婚姻生活。顾颉刚一生共结婚三次。第一次在他虚岁18岁的时候，奉家里长辈之命与比他大四岁的吴徵兰结合，两人共育有二女。吴为旧式妇女，没有文化，两人之间没有真情实爱。由于吴没有生育男孩，在顾家没有地位，不受尊重。她在1918年得病之后，没有得到及时的治疗，在30虚岁的时候便撒手人寰，丢下一双女儿而去。[3]顾

1　《顾颉刚日记》第五卷，第99页。

2　余英时：《未尽的才情：从〈顾颉刚日记〉看顾颉刚的内心世界》，第118页。余英时在书中指出，谭慕愚"直接影响到顾先生的研究方向"。陈学然：《"重起炉灶"：民族危机与顾颉刚学术思想的转变》，香港城市大学《中国文化研究所学报》，第62期（2016年1月）。

3　顾颉刚女儿顾自珍去亲戚家，亲戚对她说："因为你是女，长辈不喜欢，把你母气坏了。"《顾颉刚日记》，第三卷，第240页。

颉刚因同情亡妻而深感内疚，曾发誓不再续弦。但最后他还是屈从长辈的意志，一年之后便再娶殷履安为妻。殷受过小学教育，既有传统妇女的贤淑，又有知识女性的好学，对顾颉刚这位饱学的丈夫崇敬有加，在生活上对他的照顾无微不至，在学问上则替他誊抄文稿、代笔写信等。两人结婚之后，殷履安因盆腔结核，一直没有生育，对顾颉刚前妻所生的两个女儿，悉心照顾，视为己出。顾颉刚与殷履安也十分相爱，不但帮她提高文化知识，而且对她赤诚相待、无话不谈。最近出版的顾颉刚与殷履安两人在抗战年间的通信集，从中便可看出他们两人之伉俪情深。[1]

顾颉刚与殷履安在 1919 年结婚之后，翌年他即从北大毕业，由于老师、前辈胡适、沈兼士、李大钊等人的欣赏，留北大图书馆工作。尽管两人新婚燕尔，但因为顾颉刚薪资微薄，维持一家四口的生活相对困难，所以他基本单身在京，与苏州同乡、同在北大教书的潘家洵（字介泉）夫妇关系甚密，只是节假日回苏州与家人团聚。不过之后不久因从小抚育他的嗣祖母病重，为了探望方便，顾颉刚转而去上海的商务印书馆任职，在苏州、上海两地来回。1922 年祖母过世后，他即想回京，但其父不让。最后他与父亲"决裂"，于 1923 年 12 月只身返回北大，任国学研究所的秘书并兼图书馆的工作。[2]

顾颉刚与殷履安结婚之后，两人感情甚笃，"跬步不能相离"，即使去他亲爱的祖母房里探望，也"急急思返"。他感叹"宇宙秘机之力，其伟大有如是者！"中国的规矩是，新妇一月中不能出门。顾颉刚

---

1 见顾潮整理：《顾颉刚殷履安抗战家书》，北京：中华书局，2023 年。此书收入了顾颉刚夫妇在 1932 年至 1943 年间的所有通信，共有 194 通。
2 有关顾颉刚与其父之间的矛盾，见上一篇的分析。

自谓"好游"，但因为殷履安不能出门，他"亦不愿出矣"。他还想与祖母商量，学西方新人的蜜月旅行，也带殷履安出门。他与新婚妻子告别回到北大之后，在寒假回苏时，赠文墨盒给她，希望对方知道他如何"感物怀人，有如所寄"。以上种种，可见顾颉刚对新婚妻子的一往情深。殷履安对他的深情相爱，也有同等的回报。殷履安不但操持家务，培育他前妻的两个女儿，还替他理发，为他做了新棉袄等。在他们结婚的头几年，殷履安十分希望自己能很快怀孕生子，但没有成功。顾颉刚每次假期结束回京的时候，她都伤心地哭泣乃至呕吐，让顾颉刚也泪上盈睫。他们夫妇两人感情之好，也为家人和朋友所知。顾颉刚因祖母病重从北大请假回苏的时候，有人说他"面子上说老太太，骨子里为的是少奶奶"。[1]祖母病逝之后，鉴于自己与父亲和继母之间的紧张关系，他一直想带殷履安和女儿们到京生活，只是由于财力不足，直到1924年9月她们才到了北京与他团聚。他们分开的时候，顾颉刚常常给殷履安写信，每封信都长达数千字，浓情蜜意，无话不谈。

　　在殷履安抵京前五个月，顾颉刚认识了22岁、来自湖南的北大女生谭慕愚。该年的4月13日周日，他与潘家洵夫妇和六位北大女生一起游颐和园，8点出门一直到晚上8点多才回。两周之后的又一个周日，他们几个再次出游。这次去的是居庸关。顾颉刚游兴十足，在旅馆休息了一晚之后，虽然睡得不好，但在第二天又去了八达岭。谭慕愚可能爬山两天，体力有点不支，"由我[顾颉刚]扶下"。次日谭慕愚去医院看病，说是因为游八达岭而"气急心荡之

1　《顾颉刚日记》第一卷，第193—194, 218, 428页。

　　　　　　　　　　　下编　方法实践

疾复发",让顾颉刚有点自责。但或许也正因为两人之间的互动,让顾颉刚心生情愫。他在日记中承认:"予于同游诸人中,最敬爱谭女士,以其落落寡合,矫矫不群,有如幽壑绝涧中一树寒梅,使人眼目清爽。今又重以怜悯,加以悲悔,眼泪几夺眶而出。予近年来一意奋斗,感情生活不亲久矣。乍逢此境,真不知何所措置耳。"数天之后,他又在日记中写道:"以谭女士之疾,心甚不定。吾对她以性情上之相合,发生爱敬之心,今一闻其病,我心之搅乱乃如此,吾真不能交女友矣。"[1]

话虽然这么说,但他之后又与那些女生出游,在路上偶遇她们的时候,心情很开心,并向好友和苏州老乡俞平伯坦白了他对谭慕愚的爱慕之心,同时写数封长信给妻子,细细描述他与潘家洵夫妇和几位女生的来往。[2]那么,谭慕愚是否也对他产生了好感甚至感情呢?因为没有谭那方面的资料,所以笔者只能就顾颉刚的日记所记,做一点猜测。他们一同出游之后,几位女生与他也比较熟悉了,所以会到他家聊天,并观赏吴缉熙所拍的照片(吴也是苏州人,与顾颉刚和潘家洵那时相交甚密,后来成为一名摄影家)。在他家的时候,谭慕愚对他说道:"我们的家都不在这里,我们到此地来,仿佛到自己的家里似的。"之后谭慕愚还提议让他给她们讲解国学,而顾颉刚因自己口吃,很怕"出丑",却又不忍拒绝她和其他女生的要求。顾颉刚见谭如此好学,便借书给她,两人一起商讨学问。以上种种,或许可以猜测谭对顾颉刚也心生好感。[3]

---

1 《顾颉刚日记》第一卷,第475,481—482页。
2 《顾颉刚书信集》第二卷,第78—80页;第四卷,第406,408,413—422页。
3 《顾颉刚日记》第二卷,第490—495页。

不过，即使谭慕愚对顾颉刚有点好感，也绝不会知道顾颉刚已经深深地爱上了她，因为有两个原因让他没有对她做任何表示。一是他的口吃让他有社交恐惧症。谭慕愚与同学来找他和潘家洵的时候，他自陈"要我在许多女子前讲话，其难犹登天也"，所以怯场而退。[1]二是他是已婚之人，与殷履安感情稳定，所以他对谭的爱慕，更多属于精神的层面。他对俞平伯做了这样的描述：

　　　　我对于女子向来不感什么趣味，但这次竟给我看到一个非常合意的女子。她性情极冷，极傲，极勇，极用功，极富于情感……但她不是真淡漠，她见了花的喜悦，会情不自禁的手舞足蹈起来。我一见了她，就起了很强的爱敬之心，不觉精神恍惚了。这很奇怪，我并不想和她成姻眷，我也不愿和她发生较深的关系，只是觉得她可爱，只是觉得我爱她的情是无法处置。我也不希望她知道我爱她，更不愿意得她的爱。[2]

　　所以顾颉刚想做的是，乐意在远处默默地欣赏谭慕愚，有点像他痴迷京剧名角小香水的戏一样。他在给俞平伯的另一封信中，的确对此做了承认："我觉得我的欣赏女性之美，正和我的欣赏山水之美一样。我到了佳山水中，心神鼓舞，坐立不安，愉快怅惘一时俱来。所以能如此舒畅，只为对方是无知的，许我独抒其情。"[3]或许也是出于这

1　《顾颉刚日记》第二卷，第494页。
2　《顾颉刚书信集》第二卷，第78页。
3　《顾颉刚书信集》第二卷，第80页。

点，他觉得不用对殷履安隐瞒，所以在同年八月写信时，向殷倾诉了自己对谭慕愚的"爱好之情"，因为自问"心甚坦白"。殷履安回信对他说，自己"才浅学低"，并无法理解顾颉刚的情感波动。顾颉刚看了之后，发誓"决不愿"伤害夫妻之间的感情，"宁可减少自己的乐趣来增加她的乐趣"。[1]

饶有趣味的是，谭慕愚也同样不了解顾颉刚的心思。九月顾颉刚带着殷履安和两个女儿到京之后，谭慕愚和另一位女生刘尊一（1904—1979）当天便来他们家。殷和谭见面之后，谭有数月没有再到顾家，还将之前借的书托刘代还给他，让顾颉刚颇为惆怅，担心她"不复来矣"。他写信给她，并让殷履安送书给谭，还将女生们请到家里吃蟹，但谭对他日渐疏远。期间他从他人处得知，谭慕愚"最会哭"，身体也欠佳。而顾颉刚每到周末，便会心神不宁，因为他们之前的出游，都在周日。他日有所思，夜有所梦，在梦中他对谭说："我没有法子和你好，你也不值得和我好，我们还是永远留着这一点怅惘之情罢。"到了该年年底，谭慕愚送了一盆绿梅花给他，元旦和春节的时候也和其他女生过来贺年，但已经不复之前的亲密互动了。他再次梦见谭慕愚的时候，还是抱持之前的态度："我不敢以自己的快乐而把你牺牲了。"[2]换言之，顾颉刚在处理这段三角情感关系的时候，并不想背叛殷履安，与谭慕愚发生亲热关系，而倘若谭慕愚之前对他有过些许好感，那么在这段时间中也已逐渐调整了心态，对顾颉刚以老师相待了。

1　《顾颉刚日记》第一卷，第518—520页。

2　《顾颉刚日记》第一卷，第532—589页。

二、《古史辨·自序》——顾颉刚的"情书"？

　　不过两人之间的互动却又多了起来。谭慕愚在1925年新年到顾家恭贺的时候，答应与顾颉刚一起编《历代名人年谱》。顾颉刚在第二天和第三天连续写信给她，向她详细交代编纂的想法和做法。谭慕愚回信称他为老师，他回复道："我们是先后同学，'师'称万不敢当。学业之切磋为朋友分内之事，刚平居只觉同志之少；且自省所学，甚是浅薄，亦决不敢为人师。幸勿复以此相称，使我徒增惭汗也。"[1]顾颉刚这么说，自然有其谦虚的一面，但也并非矫情，因为他仅大谭慕愚九岁，也的确未曾正式当过谭的老师。他希望两人能成朋友，反映了他的真实心理，在日记和书信中有过多次表示。

　　当然，以顾颉刚而言，他对谭慕愚远不止朋友之情。他们两人开始一起工作之后，书信往来多了一些，但见面次数不多，让他颇为落寞。谭慕愚给他的回信，寥寥数行，让他觉得她"比我尤为避嫌疑"。殷履安看出他的心思，说他痴情，他也承认："余诚痴矣。"为了两人的见面，他谋划再次到北京郊外春游，但谭慕愚一开始说不去，让他"心为一冷"，感叹"多情自古空余恨"，觉得自己会在有生之年"抱恨终矣！"不过让他喜出望外的是，出游的当天，谭慕愚还是去了，并替他背水壶，却又在归途中不慎"扑碎"。他觉得谭一定会赔他，所以心里很是不安。此次春游，顾颉刚夫妇同行。此后谭慕愚不再避嫌，时常到顾家与殷履安和他女儿来往，并送颐和园的门票让他们全家出游。

1　《顾颉刚书信集》第二卷，第248页。

两人之间这样的交往, 让顾颉刚颇为开心。他在1925年5月的几篇日记中, 感叹"感情之伟大", 而"男女之情最真, 最伟大", 并承认自己之从事学问, 为的是"发抒我的感情"。[1]

但好景不长, 就在顾颉刚日记中写他想通过学问"发抒"感情的5月30日, 五卅惨案在上海爆发。谭慕愚热血沸腾, 停止了《历代名人年谱》的工作, 参加和组织了救国团, 积极投入了抗日示威的活动。顾颉刚6月3日在街头看到谭慕愚在东四演讲, "面色绯红"。之后他还从报上看到, 当天谭慕愚领导游行队伍到东交民巷抗议, 夺旗而带着大家往前冲去。谭慕愚的英勇表现, 让顾颉刚深感佩服, 他也参与了救国团的工作, 负责出版《周刊》, 因此与谭的来往更为密切。他认为自己"有两个倾向, 一爱好天趣, 二勇猛精进", 而他的朋友中, 后者"绝少", 却"不期于谭女士得之", 让他更觉得两人性格相合:"情思绸缪, 非偶然也"。[2]

顾颉刚的此番评论, 可谓一厢情愿, 因为即使他们两人都有"勇猛精进"的一面, 其实志趣、性格还有着明显的不同。顾颉刚的"勇猛精进", 主要表现在做学问上, 而谭慕愚则倾向于诉诸行动。不过, 谭慕愚的倾心投入, 特别是她在"女师大风潮"中的激进态度, 在当时引起了一些人的不满和猜疑, 让她一度在救国团中十分孤立, 有点心灰意冷。顾颉刚出面为她调停, 同时借机劝她与自己一同做学问, 再度合作编写《历代名人年谱》。谭慕愚投身政治受挫, 听从了顾颉刚的劝说, 进入史学系学习了半年。那段时间谭慕愚似乎有意追随

---

1 《顾颉刚日记》第一卷, 第600—623页。
2 《顾颉刚日记》第一卷, 第624—632页。

顾颉刚研究历史，不但向他借阅胡适提及的法国史家朗格诺瓦、赛诺博斯的《史学原论》，还在系里发起国史研究会。谭慕愚在读古史的时候，发现了《汉书》中的一个赘词，让顾颉刚对她的钻研精神十分钦佩。不过，尽管顾颉刚满怀希望，以为谭慕愚会成为他历史研究的知己，但最后她还是让他失望了。谭慕愚在史学系求学期间，曾想改良系里的课程设置，之后又曾想转到教育系，为顾所劝阻。如上种种，或许可以看出，历史研究对于谭慕愚而言，还是过于古板、冷峻的学问，而她则更想在民族危机深重的时刻，投身政治，为国效力。谭慕愚那时的同学彭道真对她有这样的评论："她佩服一个人，要佩服得五体投地，但只有几个月。"[1]换言之，即使那时谭慕愚在学问上被顾颉刚所折服，其热情和兴趣也并未持续很久。谭慕愚晚年于1993年参加了顾颉刚诞辰一百周年的纪念会，在会上发言时说："我对顾先生十分钦佩，今天是顾先生百年诞辰，特赶来纪念。我在预科时，顾先生叫我学历史。我在历史科读了半年，后来还是转到法科去了。"[2]其实，谭慕愚也没在北大法学科读到毕业，而是参加了青年党，并于1926年6月去了重庆女子师范学院教书，主要为的是青年党的党务工作。[3]同年7月，顾颉刚接受了厦门大学的聘书，出任研究教授，一个月之后也离开了北京。顾、谭两人再度见面，要在三年之后的苏州了。

顾颉刚能从一个北大国学研究所的秘书，一跃成为厦门大学的教授，其原因是他在1926年出版了《古史辨》第一册，让他在学界声

1　《顾颉刚日记》第一卷，第657—687页，引文在第671页。

2　李向东：《丁玲、顾颉刚眼中的谭惕吾》，《书城》，2010年3月，第67页。

3　《顾颉刚日记》第一卷，第756页。

下编　方法实践

誉鹊起、炙手可热。那么，谭慕愚在其中有没有扮演什么作用呢？笔者以为，顾颉刚所言他之"勇猛精进"，通过学问来"发抒"感情，并非虚言，而是真情流露——他与谭慕愚在1924年—1926年间的来往及其对谭的深度爱恋，直接、间接地影响了他此时的治学兴趣和风格。顾颉刚与胡适、钱玄同有关古史真伪的讨论，开始于1920年，为此目的他钻研了诸如《尚书》等古籍。但自1924年与谭慕愚认识之后，他开始注意宋代与契丹辽朝的关系，并写作了《宋代的统一》和《契丹势力的南渐》，后者分上、中、下三部分，是一篇长文。同年他还写作了《西夏的始末》一文，次年他又花了好几周的时间写作和誊写《女真的勃兴》。[1]顾颉刚对中国历史上边疆民族的研究，与他那时对上古历史的考证，并无直接的关系。一个可能的原因是谭慕愚等年轻学子忧国忧民的情怀，促使他注意到了这些问题。

谭慕愚对顾颉刚的影响，还在于激发了他学习英文的兴趣。顾颉刚的朋友潘家洵是北大的英语老师，北大女生们找潘和顾，有意要潘为她们补习英文。但顾颉刚日记中记到，在这些女生中，谭慕愚英文程度最好，所以不用补课。的确，谭慕愚后来曾翻译了《欧洲战后十年史》。两人在1929年重逢之后，顾颉刚还帮助谭联系商务印书馆将之出版。顾颉刚在1925年，一方面忙着编辑《古史辨》，另一方面则开始自学英文，选择阅读房龙的《人类的故事》这样通俗的史书。从他的日记中可以看出，他在该年的下半年坚持读了好几个月房龙的这本著作，还曾有一次与殷履安共同学习英文。更值得一提的是，

---

1 《顾颉刚日记》第一卷，第566—588页。

1929年他们俩重逢之后，顾颉刚又重新开始学习英文，并承认自己已经四年没碰英文了。谭慕愚此时完成了《欧洲战后十年史》的翻译，无疑对他学习英文是一个激励。[1]

最后，谭慕愚对顾颉刚编辑《古史辨》，也有间接的影响。众所周知，顾颉刚出版《古史辨》，在中国学界能掀起轩然大波，不仅与《古史辨》的内容有关，而且由于他为《古史辨》第一册写的六万多字的《自序》。他在序中从他的孩提时代讲起，详细交代了自己的求学之路，解释他发动古史真伪讨论的由来。上面已经提到，谭慕愚虽然那时在史学系学习，但其实对学历史并没全身心投入，所以谭对顾颉刚的古史研究，应该没有什么影响。不过顾颉刚之写作《古史辨·自序》，整个过程中则都有谭慕愚的参与。根据顾颉刚的日记，他开始写作自序是在1925年初，也即他与谭重新来往、后者答应他一起编纂《历代名人年谱》之后，但仅仅写了一千多字。此后因五卅运动的爆发，他受到谭慕愚的感染而参加了救国团的工作，直到风波平息之后才回到编辑《古史辨》的工作上。该年11月的时候，顾颉刚给谭慕愚写信，回顾了自己的求学道路，如何从文学到哲学，又如何受到胡适的教诲而转做史学。他写到自己专研史学没有几年，所以基础尚不扎实，"但我对于这条路的进行颇有些把握"。然后他向谭接着说道：

> 孟姜女故事研究，只是我研究史学的一个练习。从前人弄
> 历史，只懂得事实，不懂得传说，所以历史中夹着的传说的分子

---

1 《顾颉刚日记》第一卷，第544、690页；第二卷，第352页。

便永远在里边捣乱,剖别不清。现在我借着孟姜故事,穷尽传说的变相,则将来用了这个方法去看古史时,必可看出它的层层积叠之状,然后替它一层层的解除,看结果剩下的有多少。然后再把这剩下的与考古学上发见的实迹相合,造成真的上古史。这是我对于研究古史的大愿。[1]

上述可见,顾颉刚已经向谭慕愚简单描述了他的古史层累积成的观点。两个月后的1926年1月,他开始续写《古史辨·自序》,详细阐述他的古史观,一直到4月底结束。期间他与谭慕愚来往甚密,后者赠他摄于陶然亭的一枚相片,给他看自己写的两篇小说,并于3月18日在他家里细读了尚未写完的自序。顾颉刚当天的日记这么记载:"慕愚女士来,将所草自序看毕。订自序,并翻改。"他用"翻改"两字,可见谭慕愚对他的草稿提出了不少修改意见。《古史辨》在5月付印的时候,谭慕愚估计正忙于准备去重庆的行程,所以与他有些疏远。顾颉刚在日记中写道:"慕愚来书,过于敷衍,使我不快。案头文竹,渐渐枯矣,交游之缘其将尽耶? 三月十八日相对默坐两小时许,其最后之温存耶? 思之惘然。"文竹原为谭慕愚所赠,所以他睹物思人,有此感叹。不过这篇日记至少清楚表明,谭慕愚对他写作《古史辨·自序》,多有参与。6月11日《古史辨》出版,而次日谭慕愚过来告诉他,她已经准备去重庆了。离开北京的时候,谭慕愚与顾家一起到北海划船,并作书向他告别,"谓此别不知何时相见",让顾颉刚甚为"怅惘"。谭慕愚离开北京后不到一周,顾颉刚就爽快地

---

1 《顾颉刚日记》第一卷,第583、711—728页;《顾颉刚书信集》第二卷,第251页。

接受了厦大的聘书。[1] 显然，北京虽好，但伊人已去，真所谓"人生几回伤往事，台隍依旧枕寒流"，他已经对北大无所留恋了。笔者有理由猜测，顾颉刚的《古史辨·自序》如此愿意袒露心迹、激情四溢，与他爱恋谭慕愚有关。以顾颉刚内热外冷的二重性格和希图在学问中抒发情感的强烈愿望，甚至他的自序主要就是写给谭慕愚看的，是之前向她描述自己治史兴趣由来的扩大版，也即一份独特的顾颉刚"情书"。

三、"要从笔底固边藩"——顾颉刚的学术转向

"只容一念施排解，不死终当有见期。"这是见于顾颉刚1927年8月4日日记中的两句诗。自从谭慕愚在1926年6月离开北京之后，顾颉刚写了不少这样的情诗，寄托自己对谭的思念和期待再见的心情。在差不多一年之后，顾颉刚终于有了谭慕愚的消息，却是坏消息。谭因投身青年党的活动，在南京被国民党逮捕，将以"反革命"治罪。谭慕愚的北大老师们如胡适，都设法营救，顾颉刚自然不例外，也到处托人想办法。谭慕愚本人也致电给他，希望得到他的帮助。在接到顾颉刚给她的信后，谭慕愚在狱中大哭，回信说"最知我者惟先生"。最后谭有幸出狱，旋即去了东京留学。顾颉刚因与傅斯年友情破裂，离开了南方而接受了燕京大学的聘书。为替父亲祝寿，他到苏州小住，与谭慕愚不期而遇，让他喜出望外。谭慕愚自日本回国，因为江苏高等法院的传唤，她到苏州找顾颉刚，希望他为她担保，但不知地址。巧

---

[1] 《顾颉刚日记》第一卷，第712—763页。

下编　方法实践

的是她与来苏州讲学的胡适同住苏州饭店，顾颉刚去见胡适的时候，恰好遇到了她。两人一起去了拙政园，并在观前街购物，最后顾颉刚送她到车站，瞥见她在车上"拭泪"，让顾颇为不忍，晚上回想的时候"亦复泪下"。[1]

谭慕愚参与政治再度受挫，有意转向学术研究，让顾颉刚颇为高兴。他们相见的时候，谭表示"有意研究满蒙问题，欲在日本收集材料，到北平研究之"。顾颉刚认为"以彼之才性学力，由政治生涯转向学术之途，必可大有成就，惟祝其身体强健耳"。之后谭慕愚并没再东渡日本，而是在内政部供职，参与人口统计等工作，同时译完了《欧洲战后十年史》。从他们两人在这段时间的交往来看，显然顾颉刚受谭的影响大于他对对方的影响。举例而言，与谭慕愚重聚之后，他又开始学习英文，自学《圣经》，之后又请了家教，重读房龙的《人类的故事》。[2] 而更重要的是，他又重新关注边疆的史地问题，主持编辑了《禹贡》的杂志，在学术上开辟了一个新的面向。

顾颉刚在20世纪30年代的学术转向，当然与九一八事变的发生有关。日本不费一枪一弹占领了东北，激起了国人的激愤，顾颉刚自然也不例外。而其中谭慕愚的影响，不可小觑，因为对顾颉刚来说，他那时生活的一点一滴，都映现了谭的身影。九一八事变发生的第二天，顾颉刚的日记记道："日本兵于昨晚占领辽宁…… 以中国人之不争气，即使人不来亡我，我亦自亡。…… 遥想健常闻之，又不知将如何悲愤矣。"换言之，他对日本发动事变，并不惊讶，而以他对谭慕

1　《顾颉刚日记》第二卷，第67、73、175—200、211、314—315页；第五卷，第98页。

2　《顾颉刚日记》第二卷，第314、363页。顾颉刚那时请的英文家教名谭海英，日记没透露是否与谭慕愚有亲戚关系，但记载谭海英也是湖南人。见《顾颉刚日记》第三卷，第126—127页。

愚的了解，认为此事一定会引起谭的愤慨而付诸行动。1926年3月18日，谭慕愚在他家里帮助修改《古史辨·自序》达两个小时，但那天三一八惨案爆发，谭听到消息之后，当即夺门而出，所以顾颉刚深知谭是一个行动派。[1]

他们两人在1929年重逢之后，相互之间的关系有了一些曲折的发展。以顾颉刚而言，谭慕愚虽然在内政部工作，但也有意从事学术，于是他在1931年初提出两人一起合写中国通史，由他负责古代的部分，谭撰写近代的部分。让他高兴的是，谭慕愚在考虑了两周之后，答应了顾颉刚，说将为此做准备，她会每天花三四个小时读书，"先从满蒙新疆西藏问题做起"，然后发表一些论文。顾颉刚闻之大喜，"只要她的学问有成就，我的生命也就有意义了"。因为他提出这个写作计划，本意就是能通过合作，达到"二人精神之结合"，从而胜于"百年之伉俪"。[2]

顾颉刚的这一合作写书计划，延续了他之前处理自己和谭、殷之间三角关系的态度：他不想背叛家庭，所以只有通过学术而与谭慕愚达到"精神之结合"。他以为如此做法，将让他获得一种心里的"安静"。但结果并不如他所愿，反而让他多次陷入情感与理智的矛盾而痛苦万分："慕愚现在已答应我了，而此心之不平静乃如故，俯仰无欢，抑郁欲死。"他也知道，或许"相见怎似不见，有情还是无情"，也就是即使两人见面也故作平静应该是"最好的办法"，但"我又哪里能做到！"1932年3月他去南京内政部访谭慕愚之后，情感又起波动，

---

1 《顾颉刚日记》第二卷，第564页；第四卷，第44页。
2 《顾颉刚日记》第二卷，第491—496页。

下编 方法实践

想到"履安待我之挚，在良心上甚欲忘健常"。但觉得"我之行为可以意志制之，我之感情岂尚有制之者耶？"同年7月他生病，殷履安像往常一样对他悉心照顾，顾颉刚十分感动："履安待我太好，把她整个的心和力都给我了。在别的时候还不觉得，生了病便清楚。我决不该对她怀二心……予自分报施之念甚强……真不知将何以报之。唉，我的天呵，怎样可以解决我的矛盾的情感？"[1]

顾颉刚的情感起伏不定，与谭慕愚对他的态度及自身的行为，自然也有关系。尽管顾颉刚不想成为谭的老师，但后者还是尊他为师，写信或赠作品给他时称"颉刚吾师"。在内政部工作的时候，她与统计处职员童家埏关系颇近，曾住童家。谭的北大同学告诉顾颉刚，说童与谭结婚了，两人关系不好，而谭与顾见面的时候，也向他谈到了童。顾颉刚知道此事之后，"听泉竟夜不眠，思此"。之后谭搬出了童家，并告诉顾颉刚，童虽然帮她校对《欧洲战后十年史》，但不□持她做学问，而是忙于自己的社交应酬。顾颉刚听后觉得，谭慕□"个性太强"，与童分手似乎顺理成章。谭慕愚之后仍在内政部供□，但改名谭惕吾，其因不详，不过或许有重启人生的含义。顾颉刚□那时有向谭表白心迹的冲动，去南京看她的时候，两人曾同在一屋谈话六小时，"未尝移席"，让他感叹"发乎情，止乎礼，如我二人者殆造其极矣"。谭也或曾试探性地问他："近年有好的女弟子吗？"还曾提议与他一起爬泰山。最后顾颉刚没有表白，谭慕愚也没与他一起登山。1932年初顾颉刚自北京南行，车上做了两首诗，其中一首写道："只缘思极心翻木，更以情多见总羞，拼把吾生千斛泪，年年倒向腹中

---

1 《顾颉刚日记》第二卷，第499、616、670页。

流。"此诗表明，两人的关系并无进展。顾颉刚再度到南京内政部找她的时候，谭慕愚邀他去她家，见了谭的父母和妹妹以及她新交的男友黄一中。黄是黄兴之次子，在国民党政府供职。顾颉刚认为黄"非浮夸之人"，谭慕愚终身可托，让他有所欣慰："予既不能施爱，复不望彼之受爱，故今日之聚，一方因以自悲，但一方亦甚为彼幸。"让他有所惆怅的是，此后可能"友谊不得继续"了。在谭家席间，谭慕愚与他一起讨论国事，如此说道："若处处审慎，顾忌太多，必不能成事。"顾颉刚听了觉得此语虽然是批评蒋介石政府之"不敢主战，或亦用以讥予"，而他的思虑仍然如旧："我尽能打破旧道德，但终不能打破我的同情心。"易言之，顾颉刚尽管深爱谭慕愚，他无法不顾自己对殷履安的"同情心"而转而全力追逐自己的爱情。[1]

九一八事件的爆发，其实也预示谭慕愚不会与顾颉刚一起写作中国通史了。自南京见面之后，他们两人有一段时间没有来往。但她面对民族危机所抱持的爱国热忱对顾颉刚的学术已经产生了影响。1932年3月"满洲国"成立之后，顾颉刚开始注意"民族"问题认为改造中国历史，"第一部史应为民族史"。1932年9月新学期始，他开始编写《禹贡》的讲义，同时点校《汉书·地理志》，因为将在燕京大学和北京大学的课，改为"中国古代地理沿革史"了。同本文开头所说，顾颉刚自己对此的解释是想"借了教书逼着自己书。……努力搜集材料，随时提出问题"。[2]《禹贡》是《尚书》中的重要篇章，顾颉刚当时侧重于对此研究，延续了他一直从事的古史考订

---

1 《顾颉刚日记》第二卷，第454、481、484—485、487、519—522、603—605页。
2 顾潮：《顾颉刚年谱》，第200—203页。

工作。但《禹贡》又是古人对中国疆域最早的记述之一，顾颉刚以此出发来探讨中国古代的地理沿革，显然与日本对中国疆土的虎视眈眈有关。

顾颉刚的变化和努力，让谭慕愚注意到了。她在1932年年底写信给他，其中提到有人向她"谈及吾师近况，甚为欣慰。迩来进行如何？……此间死气沉沉，苟且度日，苦恼殊甚。……值此国家危急之时，不能做些实际救亡工作，而惟随人俯仰，云何能安！回思求学时之抱负，不禁感慨系之矣！"顾颉刚收到她的信，觉得他们之间的"友谊复活了！这是我的生命史上的大事！"连着用了两个惊叹号。[1]他在第二天就给对方写了两千余字的长信，谈了他对中国各地人行为不同的看法，显现他对民族问题的兴趣。而更重要的是，他向谭慕愚说到自己已经打算在学术上转向了："以我个人而论，我的才性甚适于研究学问……但生在今日，四海沸腾，一念及异族蹂躏下的人民精神终不能集中在学问上。……本来我所研究的也可以发生实用，便是把旧思想连根挖去，但这方面的收获是在数十年之后的，现在感不能不做些'急救'的工作了。"换句话说，民族危难的当头，顾颉刚打算"牺牲"自己的学问，也即从古史研究转而从事能立即生效的"急救"工作了。[2]从他之后的活动来看，所谓"急救"的工作，就是对边疆和民族问题展开具体的调查研究。譬如两个月之后，他在上课之余，写作了探讨"九州"之说的论文。之后他又在课上讲"中国民族由来的推测"。他还向燕大学生们建议，"国文系可以编民众读物，

---

1 《顾颉刚日记》第二卷，第723页。
2 《顾颉刚书信集》第二卷，第262页。

史学系可以编中国民族史，外国文系可作国外宣传，教育系可深入民间去"。他的学生郑德坤（1907—2001）有志研究地理沿革史，顾颉刚提出要他"证明东三省隶中国的版图，已有二千余年的历史"。[1]他自己则两条腿走路，一方面编辑通俗读物，宣传爱国主义，另一方面补充历史地理的知识来研究边疆地区民族与汉民族之间的关系。

以一个学问家而言，顾颉刚的上述行为，称得上是他实施的救国行动了。但作为行动家的谭慕愚，还是比他走得更远。1933年10月，谭慕愚给他写信，告知他将随内政部长黄绍竑去内蒙古，希望阻止内蒙古希求独立的意图。在经过北京的时候，她希望他们能晤面。顾颉刚得信之后，因为事出意外，"几疑在梦寐中"。谭到达北京的当天晚上，他"精神兴奋，不能自禁，遂不成眠"。终于见到谭慕愚之后，他觉得她"丰姿犹昔，精神跃然"。此次国民党政府组团十六人，女性仅谭慕愚一人。她的父母曾想劝阻，但她执意前往。顾颉刚评论道："其勇可想"，十分钦佩。谭慕愚在北京期间，他陪她去了图书馆收集有关蒙古的地图资料，还替她为黄部长起草演说词，直到凌晨。他们分别的时候，他嘱咐谭"塞外风寒，一路当心"，竭力忍住了自己的眼泪。顾颉刚的日记中还记道，内政部居然没有蒙古的地图，还是他们从北平图书馆借了四幅，都是日本人所画的。他感叹道："此与甲午之战，我国无朝鲜地图同一可叹。"[2]国人自高自大的心理，应该也是促使顾颉刚投入边疆、民族问题研究的一大动力。

谭慕愚以一女儿身、奋勇前往塞外之地的勇气，给顾颉刚很大的

1　顾潮：《历尽终教志不灰：我的父亲顾颉刚》，第151页。
2　《顾颉刚日记》第三卷，第100—103页。

刺激；在内蒙古期间，谭告诉他如果时机成熟，她还想去新疆考察。顾颉刚在1933年11月应《东方杂志》之邀谈他《个人计划》的时候，写道："年来的内忧外患为中国有史以来所未有，到处看见的都是亡国灭种的现象，如果有丝毫的同情心，如何还能安居在研究室里？"[1] 显然，他也想去边疆实地考察了。12月初谭慕愚从内蒙古回到北京，两人一同去中山公园游玩，谈兴十足，四小时无间断。在公园内，顾颉刚慨叹两人认识已经近十年了，谭慕愚应道："愿更越十年，复得同游于此。"也许是她的这句话，让顾颉刚一直记在心里。十年之后殷履安猝然离世，他急着向谭求婚，未料事与愿违，谭当面拒绝了他。其实，谭慕愚当时此语即便发自内心，也不一定与顾颉刚对此话的理解相一致；她在北京的几天，与顾颉刚夫妇几度相晤，三人还同游圆明园等处，合影留念。顾颉刚这么评论他们的合影："健常洒落，履安温和，我则太老实矣。"[2]

谭慕愚的大方、洒脱，让顾颉刚更添好感，而她无所畏惧、闯荡边疆的行为，更让他赞其刚强如男子。谭慕愚在北京期间，燕大教育系教授高君珊（1893—1964）邀请她为学生作讲演，描述蒙古的风情。她侃侃而谈，描述生动，思路清晰，给听众留下了深刻的印象。谭慕愚在内蒙古的时候，蒙古人的习俗是女性不能进入百灵庙，而她则挑战了这一传统，在庙里住了十天，显现了她勇敢刚毅、特立独行的作派。顾颉刚一直认为他们两人在性格上有相似之处，因为他是二重性格，外表似乎唯唯诺诺，其实内心倔强，所以当谭说到朋友之交，重在性

---

1 《顾颉刚日记》第三卷，第108页；顾潮：《顾颉刚年谱》，第213页。
2 《顾颉刚日记》第三卷，第119—122页。

情相合，他深以为然。谭慕愚在燕大的演讲，报纸有所报道，顾颉刚将之收藏在日记本中。[1]所以他在1943年回忆，说自己听了谭慕愚的演讲之后，深受感动，开始从事边疆问题研究，诚非虚言。

具体言之，顾颉刚自1934年始做了三件事，标志他正式转向边疆问题的研究。第一是开始了解古罗马帝国与北方日耳曼民族的关系，找了诸如《野蛮人入侵之前的欧洲》、《茄门人的侵入及罗马帝国的破坏》（茄门人为日耳曼人的音译）、《中世纪之文化》和《十、十一世纪中的德意志和意大利》等论著来读并做笔记。他进行这些阅读，显然是担心中国将由于外敌的入侵而沦落到像欧洲中世纪那样四分五裂的境地。第二是与学生谭其骧等人开始编辑《禹贡半月刊》，组织禹贡学会，为之筹款、邀稿，投入了大量精力。第三是与燕大的同事冰心夫妇、郑振铎、陈其田、雷洁琼和容庚等人一起去了绥远（内蒙古），了解当地的风土人情，特别是对中日关系的态度。他发现日本人正煽动察哈尔和绥远两省像东北一样寻求独立，十分焦急，于是在《禹贡半月刊》上连续做了几期有关西北、回教、东北、南洋、康藏、察绥的专号。他做这些事情的时候，谭慕愚的影子似乎时时相随。比如他在内蒙古的时候，想到谭慕愚曾在此地骑马一百多里，让他感佩。1934年年底他给谭慕愚写信，末尾处写道："我虽然读了多少年的古书，不愿把这方面的工作完全丢开，但时势压迫到这样，我不能不腾出一部分的时间来研究现代史地。"他还希望谭能在"边疆方面"，"时做提示，督促我向这条路走"。[2]

1　《顾颉刚日记》第三卷，第119, 127—139页。谭慕愚那时也应北大之邀演说内蒙古见闻。

2　《顾颉刚日记》第三卷，第159—170, 188页；顾潮：《历尽劫终教志不灰：我的父亲顾颉刚》，第158—166页；《顾颉刚书信集》第二卷，第265页。

顾颉刚希望谭慕愚敦促他继续从事边疆研究，或许与他那时遭受的家庭变故有关。正当他大张旗鼓地开始研究"现代史地"，去内蒙实地考察之时，他的继母于1934年8月在杭州病逝。他从绥远回到北京，立刻再坐特快火车到杭州奔丧。他到了杭州之后，为丧事忙碌，挂亲友送的多幅祭幛、挽联，招待唁客等，开吊那天，"来客数百人，吃饭十一桌"，场面不小。顾颉刚与其继母关系一向不好，但她毕竟是自己父亲的夫人，所以尽力为她的丧事操劳，甚至还想向燕大请假。胡适当时曾来电劝他："吾兄望重一时，四方观礼，望痛革俗礼，以为世倡。"但他认为这件事的"权不在我，又何能从其言耶？"谭慕愚可能知道顾颉刚与其继母关系一般，所以送祭幛和写唁信的时候，只是说了一些客套话，顾颉刚还"为之悯然"。[1]如上种种都表明，顾颉刚虽然身为五四学人，思想和学术上有革新传统的意愿，但在处理家庭关系上还无法或不能完全摆脱旧传统、旧道德的束缚。

　　顾颉刚在杭州滞留，为继母的丧事操办佛事等的时候，谭慕愚致函给他，说是应内政部之命，需到杭州考察浙江的经济和行政。他冒雨到车站接她，未料她因事延至次日才到。他对谭慕愚的痴情，被殷履安讥笑为"戆"。两人见面之后，顾颉刚对谭呵护有加，想她独居一处"太空寂"，还想让女儿过去陪她。他们在杭州交往甚密，隔日便一同或与亲友等一起出游。如此亲密的互动，又让顾颉刚情绪波动，"懊恼欲哭"。他甚至在日记中这么写道："唉，健常，你归去罢，我的感情已不能胜这痛苦了！"其实他对谭慕愚有求必应：对方此时要替黄绍

1　《顾颉刚日记》第三卷，第226,228,233页。

竑写《内蒙巡视记》，时间不够求助于他，由他代笔完成。[1]

根据顾颉刚日记所记，谭慕愚此时情绪消极，两人作诗唱和的时候，顾颉刚替对方改动，变消极为积极。如谭慕愚有诗云："明知花事随秋尽，犹吊嫣红姹紫来。"顾颉刚将后一句改为"犹待嫣红姹紫来"。此时三十出头的谭慕愚，仍是孑身一人。顾颉刚听说黄一中已经与他人结婚；在内蒙的时候，谭慕愚似乎与黄绍竑比较接近。黄是桂系的儒将，好诗词，而谭慕愚的旧诗功底亦好，两人之间应有唱和。[2]不过黄不是学问中人，要谭慕愚做事常常限时限刻，不知道"著作之难"。谭慕愚那时给顾颉刚看了她的一首诗："人事纠纷苦不休，暂停征马到俞楼。此心已为飘零碎，怕看西湖处处秋。"（俞楼为谭慕愚在杭州的住处）这首诗应该是她真实心情的反映：她有报国之志，因此选择在政府工作，但却缠于琐事、陷于人事，加上身体孱弱多病，觉得有志难酬，心情不免悲苦。顾颉刚常和诗对她多方鼓励。譬如知道她睡眠不好，每天凌晨就醒之后，他作诗曰："朝朝祖逖听鸡鸣，羞说回文苏蕙机。取法英贤原不远，岳王墓在俞楼西。"除了引用岳飞的故事，他还用前秦时女诗人苏蕙以回文作诗的典故，鼓励谭慕愚（苏蕙做的回文诗叫《璇玑图》，所以此处的"机"或许应为"玑"）。[3]他想到这个典故，自然是因为谭慕愚曾去西北考察。

但除了与谭慕愚和诗，对她加以鼓励之外，顾颉刚并不做进一步的表示。他的说法是："实在说来，健常之生活确为可悲，惟这一方面

1　《顾颉刚日记》第三卷，第242—245，250页。

2　黄绍竑晚年出版有回忆录《五十回忆》，长沙：岳麓书社，1999年，其中包括去内蒙视察的内容，但通篇未提谭慕愚。

3　《顾颉刚日记》第三卷，第250—251页。

下编　方法实践

我决不能加以安慰，故唯有作壮语以激励之耳。"他们在杭州期间，谭慕愚与他见面以后，每次都送他上车，"待发车而后去，辞之不获"，让顾颉刚"至不安也"。谭慕愚体弱，但知道顾颉刚好游览，每次他去，"又伴我游，真使我抱愧"。他们俩合写《内蒙巡视记》的时候，谭慕愚数度泪下。一次谭慕愚生病发烧、呕吐，顾颉刚去看望她，她"思及身世，泪又盈睫"。但顾颉刚"甚欲慰之而苦于不能，只得早归矣"。[1]换言之，顾颉刚尽管对谭慕愚满怀怜爱，但看到对方伤心掉泪，虽想尽力安慰，还是没有逾矩。

顾颉刚这里所说的"决不能"和"苦于不能"，也即他对谭慕愚"发乎情、止乎礼"的态度，与他对殷履安的感情，关系甚大。顾颉刚自谓"生于深宫之中，长于妇人之手"，在生活上处处依赖殷履安。而殷履安对他的贤惠，则几乎无人可比。顾颉刚在日记中，多次记录殷履安对他的悉心照顾：因为他长期失眠，殷履安会替他"捶背摩腿"，即使自己病了也不例外。钱穆曾对他们家庭之和睦和殷履安之贤德，有过十分生动的形容："其夫人奉茶烟，奉酒肴，若有其人，若可无其人。然苟无其人，则绝不可有此场面。……余见之前后十余年，率如此。"顾颉刚出门的时候，她常为他准备很多食物，让他"无论如何吃不完"。他回家之时，殷会在家中守候，"予推门而入，则履安已在檐下相迎矣"。顾颉刚因此说道："她待我如此之好，叫我怎忍负她。"而殷履安不仅在生活上体贴顾颉刚，在事业上也同样竭尽全力支持。顾颉刚的女儿顾潮在整理其父手稿的时候发现，殷履安一直为顾颉刚誊写文稿。顾颉刚修改多次，她都不厌其烦地一次次地誊抄，直至她

---

1 《顾颉刚日记》第三卷，第251, 253—254, 259页。

去世的前两天。顾潮目睹殷履安手抄的稿子，"不禁肃然起敬"。更为可贵的是，殷履安没有让顾颉刚追求荣华富贵。顾颉刚曾在1932年给殷履安的信中写道："我最感激你的，是你没有虚荣心，不教我入政界……假使你存些势利之见，要你的夫婿登上政治舞台以为自己的光宠，朝晚在闺房中强聒，我也未必不会心头一软，滑到了那边去。可是你始终无一言及此，使得我还能独善其身，专心学问。"[1]

　　不过，殷履安虽然尽心尽力地支持顾颉刚，对于他对谭慕愚的感情，即便知道并容忍，也还是有所不满的。上面已经提到，顾颉刚知道谭慕愚要到杭州，他冒雨去车站迎接，皮鞋都打湿了，殷履安讥讽他"懋"，便是一例。1932年底顾颉刚在与谭慕愚未通信息一年多之后突然收到她的来信，第二天就急着为她写长信回复，之后又梦到谭慕愚回信，仅寥寥数行，殷履安揶揄他说："你写得这般长篇累牍，她何以只数行呢？"顾颉刚从事抗战救国工作之后，一度想让谭慕愚协助，但因殷履安不同意而作罢。殷履安在世的时候，替他抄写和保存文稿和信件，但唯独将他珍藏的谭慕愚给他的110多封信件销毁了，并对他诈称是因埋在地下受潮而腐坏的。如上种种，清晰可见殷履安对顾颉刚之爱恋、追求谭慕愚，还是十分在意和难以接受的。她对顾颉刚的体贴尽显传统"贤妻"的美德，但她绝非一位旧式女子。同样，因为殷履安没有生育，而顾颉刚又没儿子，曾有人建议他纳妾，顾颉刚有点心动，但殷履安则对之表示了愤懑和怨恨。在她去世的前四个月，顾颉刚又与她商量此事，殷履安愤愤地回答道："我自己感觉

1　见顾潮：《历尽劫教志不灰：我的父亲顾颉刚》，第209—210页；《顾颉刚日记》第三卷，第262，266，366页。

到，我和你的缘分满了！"未料一语成谶，殷履安真的于1943年5月30日遽然而逝，年仅42岁。[1]

殷履安对顾颉刚的鞠躬尽瘁和全力奉献，谭慕愚应该了然于心，因为她们自1924年秋天认识之后，一直有着联系；谭慕愚曾数次造访顾家，在那里吃饭、投宿，并与殷履安和顾颉刚的女儿们一起出游等。得知殷履安去世之后，谭慕愚长途跋涉前来吊唁，其间需要乘汽车、坐滑竿和换轮船，往返两百多里。她的这一举动应该不仅是为了向顾颉刚致哀，而且也是为了表示对殷履安的敬重。鉴于她与顾家的熟识程度，谭慕愚于顾颉刚对家庭生活的要求和习惯，应该十分清楚。殷履安去世之后，顾颉刚十分悲痛，曾将他们结婚的廿五年，制成年表放入日记之中。他的悲痛无疑是真实的："徵兰之死，予仅哭两次，……独至履安，则一思念辄泪下。"但当谭慕愚在吊唁的时候告诉他自己即将去宁夏、青海、绥远和甘肃做五个多月考察的时候，他忍耐不住，认为自己已经爱了谭二十年，以前拘于"礼仪"，未能表白，现在已经事不宜迟，必须向对方表示了。他写了长信给谭求婚之后，对方回信口气冷淡，他又写了一封更长的信给她，详细解释他的意愿。最后谭慕愚抽空于6月30日亲自过来向他当面说了拒婚的理由，一是为顾颉刚着想，他应该有一个儿子，而她已经四十开外，不是合适的对象。二是为她考虑，她自己是一个"活动之人，不能管理家务"。[2]其实这两点也都是为顾颉刚考虑的，显示谭慕愚深知顾颉刚对婚姻和家庭的要求，觉得她自己不是他所希望的合适伴侣。从后视

---

1 《顾颉刚日记》第二卷，第724页；第三卷，第748页；第五卷，第16—17页。
2 《顾颉刚日记》第五卷，第79—97页。

的眼光来看，她做出这样的决定无疑是正确的。之后顾颉刚开始与北师大英语系毕业的张静秋恋爱，翌年7月两人结婚。张小他14岁，他们婚后生了三个女儿和一个儿子。

四、生命史、学术史上的重要一页——代结语

上面已经提到，顾颉刚不但一生坚持写日记，而且还时时回看和整理。他与谭慕愚两人联系有所中断、他因此而深深思念对方的时候，更会这么做。1978年，也即他逝世的两年前，这位耄耋老人再次翻阅了他在1924年所记他与谭慕愚和其他北大女生第一次出游颐和园的日记，"不觉悲怀之突发也"，于是赋诗一首："无端相遇碧湖湄，柳拂长廊疑梦迷。五十年来千斛泪，可怜膈巷即天涯。"他说自己写此诗为的是"以志一生之痛"。根据余英时的分析，他所谓"隔巷即天涯"是因为他和谭慕愚那时都在北京，却已经绝少单独来往。[1] 1943年他向谭慕愚求婚不成，之后与张静秋交往。他告诉了对方他对谭慕愚的爱恋，他与张的恋爱关系确定之后，张也让他告知了谭。在他再婚的前一个月，谭慕愚突然给他写信，让他退租之前为文史社向她租赁的房子，而且态度比较强硬，一再催促。顾颉刚记道：谭的做法"简直连一点朋友的温情也没有，我何负与彼而竟得此报乎！……她自己使我认识了她的真面目！"此后两人几乎绝交，尽管顾颉刚仍然忍不住关心谭的行踪。[2]谭慕愚为何对顾颉刚不讲"温

1　《顾颉刚日记》第一卷，第475—476页；余英时：《未尽的才情》，第107—108页。

2　《顾颉刚日记》第五卷，第297—298页。有关顾颉刚如何默默地关注谭慕愚，余英时在《未尽的才情》中有较细的描述，第145—153页。

情",颇费猜测,但顾颉刚在殷履安逝世一年之后,便与张静秋成婚,或许是让她心怀不满的原因。至于这一不满是否出于对他的绝情,抑或为殷履安抱不平,我们便无从知晓了。

顾颉刚不但在日记中详细记述他对谭慕愚的爱情,而且还对自己的两任妻子和家人坦承他对谭的感情,似乎会让今天的读者有所疑惑。笔者以为,顾颉刚的做法或许有些独特,但也从一个侧面反映了五四学人追求自我、推崇个人主义而与传统的家族伦理相对抗的心理。顾颉刚在走上学术道路之前发表于《新潮》杂志的一些文章,用顾诚吾为笔名,抨击了中国的家庭制度,"诚吾"应该有"真诚倾诉、直面自我"的意思。[1]无独有偶,顾颉刚的北大同学好友傅斯年在回顾《新潮》的时候,曾说到他们结社办杂志,因为都是"个性主义和智慧主义的人",希望"凭我们性情的自然,切实发挥",其目的是"培成一个'真我'"。[2]从某种程度上说,顾颉刚希望与亲人一起直面自己情感波动的做法,反映了他们当年对所谓"真我"的一种追求和实践。

当然,顾颉刚的一代人之追求"真我",是否表现出一种新道德,抑或是一种男性自恋心理的反照,显然可以有所讨论。不过可以肯定的一点是,顾颉刚在日常生活中其实面临一个悖论或困境:尽管他可以真心欣赏谭慕愚那样才华横溢、慷慨激昂、口若悬河的新女性,但作为一个从来"长于妇人之手"的丈夫,他无法须臾离开像殷履安那样赋有传统道德"贤妻"的体贴、照顾。[3]他们这一代甚至比他们更

---

1 参见本书上一篇文章。

2 傅斯年:《〈新潮〉之回顾与前瞻》,《新潮》第二卷第一号,1919年9月。

3 1935年顾颉刚到北京办事,殷履安没有同往,他身体不适,在日记中写道:"如履安不来,生活不上轨道,一年后必不在人世矣。"此语虽然有点夸张,但也是他夫妻生活的一个写照。《顾颉刚日记》第三卷,第364页。

年轻的几代知识男性，基本都没有像今天的许多中国男子那样学会操持家务（此处的观察只是相对而言，并无意说今天的中国家庭中男女之间已经都能做到平等承担家务活）。笔者本文虽然主要写的是顾颉刚对谭慕愚和殷履安的复杂情感，但顾颉刚的日记和书信，也让这两位同代女性（殷长谭一岁）的形象跃然纸上。她们的心理和行为显然有很大的不同，但这些不同恰好展现了现代中国女性个人、家庭和社会角色逐步且重要的变化。谭慕愚自然是新女性的杰出代表，敢作敢为、敢爱敢恨但又不失温柔，乃至有情不自禁的时候。她一生未婚，或许可以解读为她对爱情的执着追求，但她也未免受传统观念的束缚，曾对顾颉刚说："君家太单薄了，不可无子"，希望有一位年轻女子为他生子而传宗接代。[1]同样，殷履安似乎是一位传统标准的"贤妻"，但她也并非对丈夫唯唯诺诺，言听计从、百依百顺，而是对于丈夫的事业和两人之间的关系，有着自己的想法和立场。她们两人的为人处事，体现了女性地位从传统到现代的过渡；这一过渡应该说至今仍是现在进行时，不只中国如此，世界其他地方亦是如此。

回到谭慕愚对顾颉刚学术的影响。九一八事变之后，顾颉刚与谭慕愚虽然没有同在一个地方，但不仅相互通信，而且常有机会见面，可以说是并肩作战，共同宣传爱国抗日。顾颉刚编《禹贡半月刊》，出版民众读物，十分投入。谭慕愚有次见他，注意到他四十出头便有白发，"恻然曰，'先生太辛苦了！'"而谭慕愚其实也同样满腔热情。顾颉刚注意到，她那时"所拟民众运动计划，比我大得多"。诚然，顾颉

1　《顾颉刚日记》第五卷，第236页。

刚在日记中说与谭慕愚恢复联系，是他"生命史上的大事！"1937年七七事变之后，谭慕愚希望他南行，也支持他写作《中国通史》，说是可以帮助"陶铸中国之新国魂"。她随内政部迁徙到四川之后，出任《妇女抗战》的主编，不时给顾颉刚寄去。而顾颉刚此时大力开展和投入到边疆史地研究，希图"给予我国学术史上一种新生命"。他不仅在战火纷飞的岁月，惨淡经营《禹贡半月刊》好几年，而且还出版"边疆丛书"，培养边疆研究的人才，其中收入谭慕愚写的《新疆之交通》。他自己在1937年7月下旬便出发到西北考察，离开北京好几年，并对殷履安说虽然思家之甚，但家"与己之人格较则犹在其次"。在西北的时候，他编了讲义《帝国主义与我国边疆》，讲了好几次"边疆问题"的课。顾颉刚的积极抗日活动，受到了日本人的注意，上了黑名单。但他不为所惧，1939年发表了《中华民族是一个》，修订了他之前有关民族的论述，强调中华各民族之间的历史融合。应该说，顾颉刚在那个年代已经成了中国史学界的主要领袖，其地位和影响超过了胡适和傅斯年。1940年筹划成立中国史学会，他为该会拟办的《史学季刊》写了发刊词。1943年成立中国史学会时，他被选为大会主席。德裔美国汉学家魏特夫 (Karl August Wittfogel，又译魏复古，1896—1988) 此时与他交往，称赞他"是当时中国历史学界起领导作用的历史学家"。顾颉刚本人也十分重视自己的边疆史地研究。1944年他应邀编辑《顾颉刚文集》二卷，其中选择收入的都是他有关边疆问题的研究和西北考察日记和报告。[1]一言以蔽之，顾颉刚的边

---

1 《顾颉刚日记》第三卷，第500、504、673、680、743页；顾潮：《顾颉刚年谱》，第235、239、242、252、277、280、294、300、313页；顾潮：《历尽终教志不灰：我的父亲顾颉刚》，第184—188、194—199、207—209页。

疆史地研究，标志了他的学术转向，为其学术生命的有机组成部分。这一转向的形成及其所取得的成绩，尽管毁誉参半，[1]实为他个人情爱和民族情感交汇的产物。

---

1 顾颉刚以抗日救国而开展的一系列事业，让他靠近国民党政府，当时受到了傅斯年等人的批评，认为他为政治而牺牲了学术，之后余英时和陈学然等人对之也有负面的评价。余英时：《顾颉刚与国民党》，《未尽的才情》，第52—65页；陈学然：《"重起炉灶"：民族危机与顾颉刚学术思想的转变》；陈学然：《中日学术交流与古史辨运动：从章太炎的批判说起》，《中华文史论丛》，2012年第3期，第344—347页。

附录

交叉融合、双向互动：
当代史学新趋势之分析[*]

一

进入 21 世纪以来，西方史学界推陈出新，出现了不少新变化，足以证明历史学这一传统学问，正在不断革新和更新。依笔者管见，这些变化或许可以用本文的正题来略加概括。"交叉融合"指的是新兴史学流派层出不穷，但相互之间又没有明显的界限，而是呈现借鉴融合之势；"双向互动"指的是专业史家与读者之间，产生了远比之前更为积极的沟通和交流。不过为了清晰阐明这两种最新趋势，我们或许还得从一个多世纪之前谈起。

众所周知，历史研究在 19 世纪下半叶开始走向职业化，其标志是专业历史学会和专业历史刊物的建立和出版。一批志同道合的学者，以历史教学和研究为业，通过学会活动和专业刊物，相互切磋、交流，以期增进历史知识的获取和呈现。史学工作者建立了自己的学术圈，

---

* 本文原刊于《光明日报》，2023 年 1 月 9 日。

历史学亦变成一门独立自主的学科。19世纪末于是出现了两本史学方法论的著作: 德国史家恩斯特·伯伦汉的《史学方法论》和法国史家朗格诺瓦、瑟诺博司的《史学原论》, 指导历史从业者如何习得和掌握历史研究的方法和本领。

也正是在19世纪末、20世纪初, 历史学开始受到其他学科(经济学、地理学、社会学和心理学等)的挑战与洗礼, 经历了一个"社会科学化"的过程。这一"社会科学化"的特征主要表现在, 一些史家不满德国兰克学派所代表的、以批判和核实史料为主的历史书写模式, 希望借助社会科学的方法, 对历史演变的过程做更为宏观的概括和解释。兰克学派提倡运用档案史料, 其研究重心便自然以政治史、军事史为主, 而如果希望对整个社会做综合的描述, 那么档案史料就不敷使用了。20世纪初出现的历史学"社会科学化"代表了一个国际性的潮流, 德国有卡尔·兰普雷希特, 美国有"新史学"派如詹姆士·鲁滨逊等史家, 英国有亨利·巴克尔, 法国则由亨利·贝尔首倡、1929年崛起的年鉴学派集其大成。这一"社会科学化"的哲学前提是实证主义, 其意图是在确证事实的基础上, 对历史的演变做广博的综合解释。换言之, 他们不满足只是核定史料, 然后据此直书, 就一个重要人物的某个或几个事件, 讲述一个故事。年鉴学派自称有三大"敌人": 政治史、事件史和人物史, 由此可见其突破、创新的志向。

从后视的眼光考察, 正是这一"社会科学化"的潮流, 促使史学界不同流派的出现, 如经济史、文明史、思想史等。二战之后, 史学界流派纷呈的态势更为明显。若以美国为例, "新史学"所倡导的思想史在20世纪60年代一枝独秀, 而大西洋彼岸的英国则由马克思主义史家带领, 开展了"眼光朝下"的劳工史、社会史的研究。到了70年代,美国亦掀起了社会史、劳工史研究的热潮。此时的法国史坛，年鉴学派独霸天下，代表人物费尔南德·布罗代尔以提倡"长时段"名世，成功地实践了超越"政治史、事件史和人物史"的目标。布罗代尔的弟子如埃马纽埃尔·勒华拉杜里甚至提倡不再以个别人物的事迹作为历史书写的对象。为了对一个社会做"全体史"的综合分析，计量方法得到了青睐。计量史学在70年代一度大有独领风骚之势。在兰克学派的大本营德国，二战之后也出现了新的变化。譬如基于比勒菲尔德大学的史家竭力赶超欧美同行，从事社会史抑或"历史的社会科学"的研究。

饶有趣味的是，也正是在历史学大踏步走向社会科学化的70年代，一股与之志向和取径颇为不同的潜流渐渐涌现，那就是新文化史（有些地方亦称新社会史）和妇女史的实践。具言之，20世纪60年代的史家出于描绘和解释社会结构变化的需要，提倡"眼光朝下"，为处于边缘（比如女性）和下层（比如劳工）的民众发声，为其写史，这些尝试，并不为一个流派所限。举例而言，北美著名史家娜塔丽·泽蒙·戴维斯的《马丁·盖尔归来》，被誉为新文化史的开山之作之一，但就其内容而言，又可以归属于妇女史，因为其中的主角是盖尔之妻贝特朗。盖尔夫妇和冒名顶替的"盖尔"三人又都属于社会下层，因此将该书视作史家"眼光朝下"的一个实践，亦十分恰当。意大利史家卡洛·金兹堡的《奶酪与蛆虫》，也是新文化史的一个范例，同时也被称为"微观史"这一流派的开创之作。与戴维斯的取径类似，金兹堡从一个磨坊主的言论着手，以小见大，窥视和描述19世纪欧洲人宇宙观、世界观的变化，同样展现了"眼光朝下"的视角。上面已经提到，马克思主义史家首先提倡史家为普罗大众写史，譬如"眼光朝下"

这一提法的首倡者就是英国的马克思主义史家爱德华·汤普森。汤普森的名作《英国工人阶级的形成》，无疑探讨的是一个社会变动、变革的大问题，但他描述的主角不但是处于下层的劳工，而且还从文化的角度分析"阶级意识"的形成。汤普森的著作被视为马克思主义史学之"文化转向"的代表作品，而这一尝试又与新文化史的关注点有着一定的可比性。

以妇女史的发展来看，流派之间的界限逐渐模糊这一特点表现得更为明显。妇女史研究具有明显的跨学科特点，是妇女研究的一个重要组成部分，经常兼涉法律、政治、社会、人文、思想等诸方面。1986年，劳工史出身转入妇女史研究的琼·W. 斯科特发表了《社会性别：一个有用的历史研究范畴》，又将妇女史扩展到社会性别史，进一步促进了妇女史研究与其他流派之间的交流和互动。近年史学界出现的男性史的新研究，便是其中的一个结果。

同时，妇女史和性别史研究的开展，还推动了家庭史、身体史、儿童史和情感史等诸多新流派的兴起。这些新兴流派都将历史研究关注的对象，从之前的公领域转向了私领域，打破了两者之间的区分和界限。上述流派亦采用跨学科的方法，如家庭史的开展，与社会学关系密切。身体史、儿童史、情感史乃至最近20年发展起来的"深度史学"和神经史，不但采用了诸如心理学、人类学等社会科学，而且还借鉴了神经医学、生物学等自然科学的研究。由此缘故，这些流派之间的界限颇为模糊，比如情感史的研究，必然包含身体的层面，因为情感的表达，通常会诉诸肢体动作和语言。在开展情感史研究的同时，也有学者从事相关的感觉史研究；后者更与身体史的研究密不可分，几乎就是其一个有机组成部分。

如果说历史研究方法上的多元化和跨学科，促成了史学流派之间的融合，那么还有一个比较典型的例子就是环境史、气候史、动物史、"大历史"和海洋史等一系列探讨人类与自然和其他生物关系的学派。就其命名而言，读者便可以清晰地看出它们的研究手段，必然会借鉴自然科学的方法。同时，这些流派之间的相互关系，可以说是亲密无间、难分彼此。2022年8月在波兰的波兹南市举办的第23届国际历史科学大会，其主题发言的重点是"动物史和人类史的交互演进"，共有四个场次，分别是"动物的主体性""人类记录中的动物""动物的展现"和"野生和家养动物的管理"，后两场都涉及动物在人造和自然环境中的活动。而环境史、海洋史和气候史等流派之间，更是你中有我、我中有你。它们与"大历史"的研究初衷相似，希望弱化人类在历史上的中心地位，走向"后人类的史学"。上述例子充分表明，当今史学界各个流派之间的借鉴和融合，已经达到界限不分、畛域不明的程度了。

二

　　20世纪60年代以来史学界"眼光朝下"的思潮，加上近年来科学技术的大幅度革新，还带来了一个重要的发展趋势，那就是历史知识的获取和表述，已经出现专业学者和读者之间密切互动的局面。如上所述，19世纪下半叶历史学走向职业化，有力地促进了历史知识的深化和历史研究的学术性，与此同时也造成历史著作与读者之间产生一条明显的沟壑。历史学家希望成为人类过去的代言人，但其著作对于普通的阅读者来说，艰深难懂、枯燥无味。这一现象与18世纪史学大家爱德华·吉本的《罗马帝国衰亡史》既可以让学者在其书房研读，又能放在仕女的梳妆台上的情形，迥然不同了。

历史学的职业化在今天并无改变，对史学工作者的考核还出现日益加强之势，但从上世纪下半叶以来，专业学者与读者之间的互动，也出现了彼此积极沟通的趋向。譬如新文化史家的作品，在史学家劳伦斯·斯通眼里，就代表了历史学中"叙述的复兴"，因为其内容的铺陈颇具可读性。上面提到的《马丁·盖尔归来》《奶酪与蛆虫》和勒华拉杜里的《蒙塔尤》，情节曲折生动，很具吸引力。另一位当代新文化史的名家彼得·伯克，著述不辍，文笔清新，亦反映了作者注重文字表达、普及知识的意图。

这一"双向互动"趋势的出现，并非史学工作者的一己之力或一厢情愿，而是有着双方的沟通和交流。借助互联网和其他新科技，当下历史知识的普及和传播，已经今非昔比。近年来世界各地出现的记忆研究和公众史热潮，便是显例。它们都试图在专业史家的视角之外或之下，自下而上地提供有关过去的知识，从原来的历史知识受众转变为历史知识的参与者。记忆与历史之间一直存在着某种张力：历史学者希图保持记忆，不让其被遗忘，但其保存的方式，又自然和必然带有某种选择性。法国学者莫里斯·阿布瓦赫（亦译作"哈布瓦赫"）在20世纪上半叶提出"集体记忆"的概念，试图将人们对过去的记忆，不再局限于近代历史学提供的框架，而其同胞皮埃尔·诺拉在70年代主持的《记忆之场》的大型项目，异曲同工，希图从各个方面扩大人们对过去的认知。自那时开始，记忆研究在各国蓬勃兴起，既丰富了人们对过去的认知，也与历史研究积极互动，产生互补作用。

公众史研究的开展，则是历史学"双向互动"的又一个范例，已经在国际史学界蔚然成风。从事和推动公众史研究的人士同时包括了专业史家和业余历史爱好者或志愿者，其研究手段也颇为多样，从文献资料整理到物质文化和非物质文化的保存，全面展开，充分体现了专业与业余之间的密切交流。总之，当代西方史学界出现的这些新变化，展现出历史学这一古老学问历久弥新的魅力。

跋

　　历史常常是偶然和必然的结合。坦白地说，2015年8月当《光明日报》理论版的编辑周晓菲与我电话联系，说她是北大钱乘旦老师的学生，邀请我为该报写一篇有关情感史的短文的时候，我绝没有想到情感史的研究，会在今天的国际史学界形成如此巨大的声势。我给《光明日报》写文，是因为在济南召开的第22届国际历史科学大会，有"情感的历史化"这一主题讨论，与"革命""中国"这些传统意义上的"宏大叙事"相提并论。

　　国际历史科学大会将情感史视作一个重要的史学新潮，或许有偶然的地方，但情感之于历史的作用，抑或史家注重情感的历史作用，则又有必然的成分。事实上，就世界各地的历史书写和口述传统而言，情感一直是受到关注的因素。譬如司马迁著名的《项羽本纪》，描述了两个情节，一是项羽在鸿门设宴请刘邦及扈从，但出于虚骄，没有借机杀了刘邦，以绝后患，让范增叹曰："唉！竖子不足与谋。"二是项羽后来兵败，本来可以过河江东，重整旗鼓，但他又再次放弃了机会，反而说道："天之亡我，我何渡为！"司马迁通过这两个情节的描述, 分析和强调了项羽之虚骄、矫情如何阻碍了他成就其霸业, 而虚骄 (arrogance/hubris) 或骄傲 (pride) 便是情感的一种, 在现代西方如今已经成为学术研究的一个考察角度。[1]

换言之, 从情感的角度解释历史抑或人类的行为, 并非史无前例, 而是由来有自。在近代之前的各地文明中, 人类对自然抑或神灵的敬畏、恐惧和崇拜, 常常进入历史书写和传说。与中国传统史家认为"天人相应"一样, 西方中世纪的史家也常常将自然界发生的异常现象, 视作上帝意志的反映, 也即上帝对人类行为的警告或惩戒, 并由此来论证人类尊崇上帝之必要。直至近代初期, 法国思想家笛卡尔还指出人类大致有五种情感:"喜、哀、爱、恨、欲"(gladness, sadness, love, hatred, desire),[2]这与中国文化中所说的喜怒哀乐基本对应。但也自笛卡尔的那个时代开始, 欧洲文化开始强调开发和运用人的理性; 笛卡尔本人所提倡的"我思故我在", 便是一例, 因为理性与思考是一体的两面。与之相对, 18世纪欧洲的启蒙思想家指出, 情感的波动和情绪的宣泄, 则往往不假思索、一触即发。

强调理性与情感对立的一个结果是, 近代西方的历史思考和书

1　司马迁:《史记·项羽本纪》, 见https://ctext.org/shiji/xiang-yu-ben-ji/zhs。有关虚骄、骄傲之类的研究很多, 有点举不胜举, 比如以此为视角研究西奥多·罗斯福的Edward J. Renehan Jr., *The Lion's Pride: Theodore Roosevelt and His Family in Peace and War*, New York: Oxford University Press, 1998; Anthony Summers则研究了另一位美国总统尼克松, *The Arrogance of Power: The Secret World of Richard Nixon*, New York: Penguin Books, 2001。从集体或民族的"骄傲"来研究的则有Peter Hays Gries, *China's New Nationalism: Pride, Politics and Diplomacy*, Berkeley: University of California Press, 2003和Steven Weber & Bruce W. Jentleson, *The End of Arrogance: America in the Global Competition of Ideas*, Cambridge MA: Harvard University Press, 2010。
2　参见Jerome Kagen, *What Is Emotion? History, Measures, and Meanings*, New Haven: Yale University Press, 2007, p. x。

写，侧重于理性的伸扬、抬高理性的作用。譬如黑格尔的《历史哲学》，便以"理性"的扩展作为人类历史演变的主要动因，而将"热情"作为"理性"的对立面——"理性"利用"热情"这一手段而展现历史演化的辩证。而近代历史书写的大宗，则基本以探讨、分析和描述历史活动背后的理性考量作为其首要任务。饶有趣味的是，这一理性与情感的两极对立，也在很大程度上导致了两性之间的对立——男性被誉为"理性的性别"，而女性则被视作"情感的性别"。于是近代以来的历史书写，女性在其中鲜有地位，其角色和作用被高度边缘化。这一史学传统源远流长，虽然期间不断有人对此加以质疑和修正，但直到上世纪下半叶才逐渐"失势"；二战之后妇女史、性别史、家庭史、儿童史的兴起，特别是情感史、身体史和神经史在近年的勃兴是其原因。

　　从个人的角度来看，笔者自2015年开始在史学界论述和倡导情感史，似乎也是一种偶然和必然的结合。具体言之，笔者关注情感史，或许有偶然的因素，但在过去的二十年间，本人相对比较关注国际史学界的总体走向，对二战之后多种新兴的史学流派及其兴起的背景和原因，以讲座和写作的形式做过描述和探究。2010年由中国人民大学出版社出版的《新史学讲演录》便是一例，该书不仅关注了新文化史及其后现代主义、后殖民主义的理论背景，而且分析了记忆研究的兴盛及其与近现代史学之间形成的复杂关系，在中文学界相对较早。而这一《新史学讲演录》的撰写，与我于2007年出任北京大学历史系长江学者讲座教授有很大的关系。事实上，《新史学讲演录》的写作和出版，即是以我自那时起在北大和其他高校开设的讲座为基础的。如同我在该书的前言中所说，这些讲座的内容，大多涉及现代

跋

西方史学的新潮, 其中有两个原因, 一是"西方学术的霸权地位; 二是中国学界对于当代西方的史学变化的兴趣", 而我个人在讲演的时候, 抱着"知己知彼"的心态, 希望听众和读者深入了解域外史学的变迁, 有助于中外史学的交流和丰富中文学术界历史书写的观念、路径和形式。[1]易言之, 笔者关注情感史这一新兴的史学流派, 与我长期以来观察国际史学潮流变化的工作和兴趣, 有着一种必然的联系。

本书的写作和编撰, 虽然在十多年之后的今天, 但我还是抱有相似的心态。在过去差不多十年的光景中, 情感史这一新兴的史学流派已经激起了不少中国历史从业者 (特别是年轻学者) 的很大兴趣, 相关的论著层出不穷, 获得了许多关注。海外的情感史研究, 亦是 (更是) 如此。2020年我再度为《光明日报》写作有关情感史研究的近况和特点, 其中我引述了德国情感史研究的专家罗博·伯迪斯在其《情感史》(*The History of Emotions*) 一书中的观察:"在过去的十年中, 情感史的论著出版和研究中心的成立, 其增长数字是极其惊人的。"[2]

由于写作时间仓促和篇幅所限, 笔者无法在这里提供最近几年情感史论著具体的增长数字, 但可以举两例略作说明。牛津大学出版社自然是一家老牌的学术出版社, 近年已经编辑出版了情感史研究的书系。或许更值得一提的是, 牛津大学出版社还有一个称作"极简入门"(A Very Short Introduction) 的书系, 其做法是邀请专家就一个专题写作一本简明扼要的入门介绍, 对象是大学

---

1 王晴佳:《新史学讲演录》, 北京: 中国人民大学出版社, 2010年, 第2页。
2 王晴佳:《情感史的兴盛和特征》,《光明日报》, 2020年9月7日。

生和一般读者。而饶有趣味的是，最近牛津大学出版社不仅出版了《情感史极简入门》（*The History of Emotions: A Very Short Introduction*），还出版了《情感极简入门》（*Emotion: A Very Short Introduction*），可见情感作为一种人类现象，其在历史上的表现和在今天的影响，已经受到了各类研究人士的多方关注。还有，伯迪斯的《情感史》出版于2018年。在这之后，相同书名的著作还在不断问世，可见对情感史这一新兴史学流派的关注，仍在不断持续。[1]

值得一提的是，情感史的研究在今天的欣欣向荣，其原因或特点不是它作为一门学术研究已经形成了自身独特且确定的范围和方法，而恰恰是在于它自兴起以来一直存在的诸多不确定性及其所引发的许多争议。换句话说，情感史研究的吸引力，在于它有助于人们不断叩问人类情感的特征、特性，不断检讨诸如情感的生成是先天的、与生俱来的还是后天的、也即文化熏陶之下的产物；情感的表现是属于身体的自然动作还是受到了内心、内在的驱动；情感与理性是一种相互作用、交织的关系还是后者受制于前者抑或前者为后者所掌控等。本书的相关章节，已经就此做了一些解释和说明。我想在这里再举一例，做一点补充说明。

2022年，我系刚退休的同事乔伊·威尔滕伯格（Joy Wiltenburg）

1　Dylan Evans, *Emotion: A Very Short Introduction*, Oxford: Oxford University Press, 2019; Thomas Dixon, *The History of Emotion: A Very Short Introduction*, Oxford: Oxford University Press, 2023; Richard Firth-Godbehere, A *Human History of Emotion: How the Way We Feel Built the World We Know*, New York: Little, Brown Spark, 2021; Barbara Rosenwein & Ricardo Cristiani, *What Is the History of Emotions?* London: Polity, 2018; Katie Barclay, *The History of Emotions: A Student Guide to Methods and Sources*, London: Red Globe Press, 2020.

跋

出版了新著《笑的历史》。我与她同事三十余年，对她的学术兴趣和成就比较熟悉。她自弗吉尼亚大学获得博士学位之后，一直在我系任教，讲授和研究欧洲早期近代史，以文艺复兴和宗教改革为主攻，又以妇女史（侧重于底层妇女）为视角。她一共出版了四部著作。第一部著作基于她的博士论文，题为《早期英、德街头文学中的不检妇女和女性权力》。第二部著作名《早期近代德意志妇女：通俗文本集》，此书似乎是一部资料集，但我知道乔伊为之花费了大量精力，因为通俗文本包含不少俗语、谚语，要找到对应的英文迻译，十分不易，足以显示她德、英文水平的精湛。第三部著作题为"早期近代德意志的犯罪和文化"，而她在退休之际出版的第四部著作则是《笑的历史：从文艺复兴男到俏皮女》。[1]此书的副标题也许需要先说明一下，因为原文中的"文艺复兴人"（renaissance man）有双重含义：不但指生活在文艺复兴时代的男人，而且还因为在那个时代，天才辈出，如我们所熟知的达·芬奇、米开朗琪罗等，其成就涉及各个方面，因此"文艺复兴人"在英语中指的是学识丰富、文理皆精的通才。

当然更应该讨论的是该书的正题，因为乔伊写作这本书，表现了她个人学术兴趣的转向——从社会史、妇女史转向了情感史。她的这一研究转向，尽管是一例个案，却也从一个侧面印证了情感史在近年

1　Joy Wiltenburg, *Disorderly Woman and Female Power in the Street Literature of Early Modern England and Germany*, Charlotteville: University Press of Virginia, 1992; *Women in Early Modern Germany: An Anthology of Popular Texts*, Tempe, AZ: Arizona Center for Medieval and Renaissance Studies, 2002; *Crime and Culture in Early Modern Germany*, Charlotteville: University Press of Virginia, 2012; *Laughing Histories: From Renaissance Man to Woman of Wit*, London: Routledge, 2022.

的兴盛及其高度吸引力。乔伊的《笑的历史》是一部情感史，显然是因为笑表现了人的情感——虽然人笑起来大半是因为开心的缘故，但也有因为大悲大苦，哭不出来反而大笑、狂笑或疯笑的情形。其实像中文里形容笑的丰富多彩一样，英文里也有相当数量形容不同种类笑的语词。《笑的历史》的主要内容，就是展现文艺复兴时期不同场合的笑，用中文来描述，也许就是讥笑、嘲笑、讪笑、浅笑、窃笑、卖笑以及谄媚的笑和友善的笑，等等。由此，乔伊的《笑的历史》中的"历史"一词，原文用的是复数；她在导言中强调，笑不但有历史，而且不止是一种历史而已。我们知道，所有的人，乃至大部分哺乳动物或许都会笑，但乔伊写道："尽管笑存在于所有的社会中，但笑的表现和笑的原因，则各各不同。"因此，人的笑像其他由情感驱动的行为一样，也就有了多种多样的历史。乔伊承认，她的这部著作只是近年出现的许多研究笑的著作中的一种——她也注意到了一些新近出版的研究中国文化中的笑的历史论著。[1]

就其学术贡献而言，乔伊这部《笑的历史》不但从社会史的角度，展现了笑之"社会性"的诸多表现，而且在我看来还有以下几个"发现"，涉及笑的"历史性"。一是她指出，在前近代的欧洲社会中，笑抑或大笑曾经是让人诟病、需要克制的一种行为。的确，喜欢观赏西方美术的读者或许会注意到，在文艺复兴之前留下的大多数画作，其人物脸上很少挂有微笑的。二是她发现，幽默这一让人乐见和欣赏的行为，也是在近代之后直至19世纪才渐渐成为一种美德的。三是她强调，虽然逗趣或逗乐会让人笑，但其实在日常生活中，笑常常并不

1　Wiltenburg, *Laughing Histories*, pp. 5–6, 8.

跋

与滑稽可笑的事情有关；相反，笑经常是一种社会符号，乔伊引用他人的话说道："笑似乎因笑话而引发，但其实更多与人际关系相关。"[1]换言之，人们听到笑话或许会发笑，但许多时候我们挂上微笑、呈上笑嫣、绽开笑颜，为的是表现一种情感，从而促进人与人之间的关系。

由是，她的《笑的历史》主要揭示的是笑的社会性。上面已经提到，情感史的研究有着多种面向。比如对笑的研究，还可以从身体的角度探讨，因为笑同时也是一种身体的行为。情感史与另一史学流派身体史的研究，因此亦有着密切的关系。中文有句成语叫作"哄堂大笑"，英文里也有"富有感染力的笑声"（infectious laugh/smile）的表述，它们都指出，当一个人发出笑声的时候，旁边的人受到传染，常常也会情不自禁地笑起来，于是便有了哄堂大笑的结果。其实那些跟着发笑的人，并不一定与首先发笑的人感受着同样的情绪；他们跟着笑起来，往往只是身体的一种自然反应，是一种情不自禁。由此可见，情感史、身体史抑或神经史等新兴的史学流派，有助于人们理解人类心理和行为的新领域，主要包括以往我们视作理所当然的诸多二元对立，譬如身体与大脑、感性与理性、情感与理智、动作与思考乃至肌肉与神经等，它们之间的界限其实并不鲜明，而是处于你中有我、我中有你的交织、互融的状态。总而言之，情感史在近年的兴盛，依笔者管见，其原因是它有助于我们的认知迈向不少之前未知的领域。从这个角度出发，我也想说本书的出版，其主要目的并非提供一本情感史研究的手册或导引，而是希望能抛砖引玉，激发读者和同行们更多的兴趣，开发出更多、更新的相关课题。

1　Wiltenburg, *Laughing Histories*, pp. 2, 7.

最后，笔者还想借此机会，向上海人民出版社光启书局支持出版情感史的书系，表示由衷的谢意。在过去的数年中，这一书系出版的《情感学习》和《疼痛的故事》等书，受到了读者的欢迎。今后我们还会有更多情感史的经典著作，即将与读者见面。如上种种，包括本书的编辑和出版，都离不开这一书系责任编辑张婧易女士的认真负责和辛劳付出，本人对此感激不尽。当然，本书存在的任何不足或谬误，则应由我个人负责。

王晴佳

2024年1月18日写于美国费城东南郊霁光阁

守 望 思 想　　　逐 光 启 航

光启 LUMINAIRE

什么是情感史？

王晴佳 著

丛书主编　王晴佳
责任编辑　张婧易
营销编辑　池　森　赵宇迪
封面设计　陈威伸　wscgraphic.com

出版：上海光启书局有限公司
地址：上海市闵行区号景路 159 弄 C 座 2 楼 201 室　201101
发行：上海人民出版社发行中心
印刷：上海盛通时代印刷有限公司
制版：南京展望文化发展有限公司

开本：890mm×1240mm　　1/32
印张：8.375　字数：187,000　　插页：2
2024 年 6 月第 1 版　　2024 年 9 月第 2 次印刷
定价：73.00 元
ISBN：978-7-5452-2007-0 / B・3

图书在版编目（CIP）数据

什么是情感史？ / 王晴佳著 . — 上海：光启书局，
2024（2024.9 重印）
ISBN 978-7-5452-2007-0

Ⅰ . ①什…　Ⅱ . ①王…　Ⅲ . ①情感—研究　Ⅳ .
①B842.6

中国国家版本馆 CIP 数据核字（2024）第 092359 号